心灵花园·沙盘游戏与艺术心理治疗丛书

主编　申荷永

荣格与分析心理学

C.G. Jung & Analytical Psychology

申荷永/著

中国人民大学出版社

·北京·

“心灵花园·沙盘游戏与艺术心理治疗丛书”编委会

沙盘SANDPLAY THERAPY游戏

华人心理分析联合会
华人沙盘游戏治疗学会
广东东方心理分析研究院
策划出版

澳门基金会（澳门城市大学心理分析与沙盘游戏研究项目）
广州市教育科学“十一五”规划课题（项目编号10C034）
资助与支持

总　序

一粒沙是一个世界，反映着智者的思考和智慧；沙盘中展现出的美妙的心灵花园，则是沙盘游戏治疗的生动意境。把无形的心理内容以某种适当的象征性的方式呈现出来，从而获得治疗与治愈，创造与发展，以及自性化的体验，便是沙盘游戏的无穷魅力和动人力量之所在。

“心灵花园：沙盘游戏与艺术心理治疗”丛书是我们国内首次系统介绍沙盘游戏的著作，在国际分析心理学会（IAAP，the International Association of Analytical Psychology）、国际沙盘游戏治疗学会（ISST，the International Society for Sandplay Therapy）、华人心理分析联合会（CFAP）和广东东方心理分析研究中心的支持下完成。丛书的缘起始于2002年第二届“心理分析与中国文化国际论坛”，哈里特·弗里德曼（Harriet Friedman）和伊娃·帕蒂丝·肇嘉（Eva Pattis Zoja）等国际著名沙盘游戏治疗师以“沙盘游戏治疗”为主题，在广州珠岛宾馆做了三天的会前工作坊，开始了国际沙盘游戏治疗学会在中国的正式培训。

2003年，在美国西雅图第17届国际沙盘游戏治疗学会年会期间，国际沙盘游戏治疗学会以及美国沙盘游戏治疗学会（STA）的主要负责人专门组织了关于“沙盘游戏在中国发展”的研讨，其中就确定了“心灵花园”丛书的选题和工作计划，以及丛书编委会的组成。作为丛书的主编，很荣幸能有凯·布莱德威（Kay Bradway）、黑格曼（Gretchen Hegeman）、哈里特·弗里德曼、茹思·安曼（Ruth Ammann）、伊娃·帕蒂丝·肇嘉、瑞·罗杰斯·米切尔（Rie Rogers Mitchell）、巴巴拉·图纳（Barbara A. Turner）、乔西·考宁汉（Joyce Cunningham）、梁信慧和王浩威等加入我们的工作。

选入丛书的著作，都是沙盘游戏治疗的经典和最新代表之作，包括多拉·卡尔夫（Dora M Kalff）本人的《沙盘游戏：治愈心灵的途径》、哈里特·弗里德曼和瑞·罗杰斯·米切尔的《沙盘游戏：过去、现在与未来》、茹思·安曼的《沙盘游戏中的治愈与转化：创造过程的呈现》以及伊娃·帕蒂丝·肇嘉在2004年出版的《沙盘游戏与心理疾病的治疗》等。丛书的著译者基本上由心理分析方向的博士和硕士组成，他们都具有沙盘游戏的实际体验，都曾参加过国际沙盘游戏治疗学会认可的专业培训。

沙盘游戏从创意的产生到正式的创建，到国际学会的成立及其在世界范围内的影响，几乎已有了百年的历史；百年的历程中也获得了自身的发展与成熟。在我们的理解中，沙盘游戏不仅是心理分析的重要方法和技术，而且也是心理分析理论的重要发展。我们曾把心理分析的目标阐释为三个层面：安其不安与心理治疗、安其所安与心理教育和安之若命与心性发展。三者合而为一始为完整的心理分析。沙盘游戏也是如此。它不仅仅是一种心理治疗的方法，能够广泛地适用于诸多心理疾病的工作；而且也是心理教育的一种技术，能够在培养自信与人格、发展想象力和创造力等方面发挥积极的作用；同时，以沟通与整合意识与无意识为目标的沙盘游戏，可以帮助我们自性的成长和心性的发展，以获得真实的自性化体验。

申荷永

于天麓湖洗心岛

华人心理分析联合会会长

华南师范大学暨复旦大学教授

国际分析心理学会心理分析师

国际沙盘游戏治疗学会沙盘游戏治疗师

2011 年 1 月

谨以此书献给：

托马斯·科茨（Thomas Kirsch）

默瑞·斯坦（Murray Stein）

鲁伊基·肇嘉（Luigi Zoja）

序　言

深度心理学到目前尚未能植根于中国。我们可以推测，这与中国5 000年的丰富哲学与宗教传统有一定的关系。古往今来，从道教、佛教及儒家学说中继承的智慧，已经给中国人的心灵以充分的滋养。许多西方的哲学家，远至莱布尼兹、叔本华，到较近的尼采，都曾为东方的哲学所深深吸引，主要是因为它们能表达出内在生命的真实性，同时强调了内在的心性发展。

卡尔·荣格是最早认真思索古代中国传统意义的深度心理学家之一。当他1923年在（德国）达姆斯塔特的“智慧学院”遇到卫礼贤（Richard Wilhelm，又译作理查德·维尔海姆）的时候，已经是充满对东方的兴趣与渴望。卫礼贤是一位基督教传教士，在中国生活多年，并且对中国的古代文献有着深刻的研究。通过卫礼贤，荣格开始潜心于《易经》的研究，并且身体力行于《易经》的操作和实验，以便获得对于中国心灵的更加深入的理解。荣格曾写道：“每次实验都能获得无可否认的出人意料的结果。在我自己的思维过程和《易经》的回应之间，涌现着某种我不能解释的富有意义的联结。”这对于荣格来说具有深刻的个人意义，使他获得了一种用意义联结，而非科学的原因和结果来观察世界的理论方式，从而使其发展出了自己的共时性理论，或者称之为有意义之巧合理论。

1928年，卫礼贤把《金花的秘密》（《太乙金华密旨》、《慧命经》）介绍给了荣格，荣格为此撰写了评论。从这一炼金术著作中获得的发现代表着荣格一生的一次重大转变。正如荣格自己所说：其中包含着“使我破茧而出的第一个事件”，它使得荣格确信集体无意识、原型和自性化等关于人类心灵的概念的有效性。荣格一生都持续不断地阅读中国哲学文献，这对于他所发展的关于心灵本质的理论具有深远的意义。荣格关于中国哲学和宗教的著述，吸引了心理学教授申荷永。申荷永在20世纪90年代曾两次获得富布莱特学者奖，在美国深造。在此期间，他与芝加哥的荣格心理分析家默瑞·斯坦（Murray Stein）有了接触。默瑞·斯坦在我任国际分析心理学会（IAAP）主席期间，担任名誉秘书长。斯坦博士鼓励我去中国拜访申荷永教授。与默瑞·斯坦一起，我们在1994年完成了第一次访问。十年之后，默瑞·斯坦接任国际分析心理学会主席，继续与中国保持与发展着联系。

1994年之后，申教授获得在瑞士苏黎世和美国旧金山学习分析心理学的机会，曾加入了“分析心理学国际学者”（2000—2002）的项目。他经历了荣格心理分析，在荣格分析师的督导下为来访者做分析性心理治疗，同时参加了无数的关于分析心理学的课程和研讨。他被选和被接受为国际分析心理学会的个人会员，成为中国内地第一位分析心理学家。此外，申荷永教授曾组织了两届关于“心理分析与中国文化”主题的国际研讨会，与其夫人高岚一起，组织了数次关于沙盘游戏治疗技术的研讨和培训。

申荷永教授返回中国之后，接任其在广州的大学教职，开始了心理分析方向的博士和硕士研究生培养。在教学的基础上，他撰写了这部关于分析心理学基本原理的杰出著作。申荷永教授是把分析心理学传入当代中国的理想人选。通过这位既能从东方也能从西方来理解荣格的作者，读者们会获得一个认识与欣赏荣格的机会。

托马斯·科茨
国际分析心理学会前任主席
美国斯坦福大学兼职教授、资深荣格心理分析家

Foreword
by Thomas Kirsch

Depth psychology has not yet taken root in China. One can speculate that it has to do with China's rich philosophical and religious traditions dating back 5 000 years. The wisdom inherent in Taoism, Buddhism, and Confucianism has given ample containment for the Chinese psyche throughout history. Many Western philosophers dating back to Leibniz, Schopenhauer, and more recently Nietzsche have been attracted to the philosophies of the East, mainly because they speak to the reality of the inner life and emphasize inner development.

C. G. Jung was one of the first depth psychologists to become seriously interested in these ancient Chinese traditions. He had had a long-standing general interest in the East when he met Richard Wilhelm in 1923 at the "School of Wisdom" in Darmstadt. Wilhelm was a Christian missionary who had spent years in China and had become deeply involved in the study of ancient Chinese texts. Through Wilhelm Jung became deeply involved in the I Ching, and he embarked on a series of experiments with the I Ching to obtain a better understanding of the Chinese psyche. As he put it, "all sorts of undeniably remarkable results [arose with] meaningful connections with my own thought processes which I could not explain to myself."[1] It had deeply personal meaning for him and presented him with a theoretical way of seeing the world in terms of the correlations of meaning rather than of scientific cause and effect; these influences led him to develop his theory of synchronicity, or meaningful coincidence.

In 1928 Wilhelm introduced Jung to The Secret of the Golden Flower for which Jung wrote the commentary. The discovery of this alchemical work represented a major turning point in his life. It constituted, as he put it, "the first event which broke through my isolation" and it provided him with confirmation of the ideas concerning the human psyche in terms of the collective unconscious, archetypes, and individuation. Jung continued throughout his long life to read Chinese philosophical texts as they provided meaningful amplifications to his continually evolving ideas on the nature of the psyche. Jung's writings on Chinese philosophy and religion became known to psychology professor Heyong Shen who received two Fulbright scholarships to study in United States in the early 1990s. While in the United States he made contact with Murray Stein, a Jungian analyst in Chicago, who was serving as honorary secretary of the International Association for Analytical Psychology (IAAP) during my term as president. Dr. Stein encouraged me to visit Professor Shen in China. Together we made an initial visit in 1994. Ten years later Murray Stein is the President of the IAAP and the connections continue.

Subsequently Professor Shen had the opportunity to study analytical psychology both in Zürich and in San Francisco, where he was enrolled as International Student for Analytical Psychology (2000—2002), where he had a Jungian analysis, saw clients under Jungian supervision, and attended numerous seminars on analytical psychology. He was elected to individual membership in the IAAP, becoming the first analytical psychologist in China. In addition, he has organized two conferences on the subject of "Analytical Psychology and Chinese Culture", and along with his wife Gao he has held several conferences teaching the technique of sandplay therapy.

Professor Shen began a graduate program in analytical psychology which enrolls students at both the Masters and Ph. D. level upon return to his university position in Guangzhou. In addition to teaching he has written this splendid book on the fundamental aspects of analytical psychology. Professor Shen is the ideal person to introduce Analytical Psychology into modern-day China. The reader will have a chance to comprehend Jung from one who knows Jung both from the East and the West.

Bibliography

[1] Jung C G. Memories, Dreams, Reflections. recorded and edited by Aniela Jaffe and translated by Clara and Richard Winston. N. Y.: Random House, 1963.

目 录

引论　无意识的生命意义

荣格是当代最有影响的心理学家之一。其影响不仅仅在于心理学界。他通过其分析心理学的理论和实践，影响了当代的哲学和整个人文学科，影响到了当代的科学思想和研究。弗洛伊德曾期望把整个精神分析的未来交付于他，但荣格仍然忠实于自己思想的独立，发展了自己的分析心理学体系和方法，不管是“集体无意识”理论还是“积极想象”的技术，都是对于心理学乃至人类思想的贡献。

在我的理解中，弗洛伊德的无意识心理学，同冯特的意识心理学和詹姆斯的适应心理学一样，同样包含着西方心理学的创立的意义。这是当代心理学史家利黑（T. Leahey）所提出的观点，对此我是接受的。因而，对于无意识现象的认识与理解，包含着人们对于心理现象乃至心理学本身理解的程度。

本书取名为《荣格与分析心理学》，也包含着这样一种体会，若是要深入理解某种理论或其创造的意义，便要认识和理解该理论的提出者或原创者。资深的荣格分析心理学家芭芭拉·汉娜（Barbara Hannah）在其《荣格的生活与工作》（*Jung: His Life and Work, A Biographical Memoir*）中也曾说过：“（荣格）他本人比他所有的书放在一起更富有说服力。”

在其自传《回忆·梦·思考》的序言中，荣格曾这样说：“我的一生是无意识自我实现的故事。无意识中的所有存在都寻求外向的表现，人格也是如此，期待着从其无意识状态脱颖而出，以整体性来体验自身。”我很喜欢这种自然的表白，这也是理解荣格及其分析心理学的关键。

无意识是有生命的，同样具有生命的意义。而体验与展现无意识的生命意义，几乎也就是所有心理分析的根本努力。

这部《荣格与分析心理学》共分六章。在第一章“荣格成长的足迹”中，我们追溯了荣格最早的记忆，童年的梦幻，以及影响其一生的童年的神秘体验。荣格承认，童年的经历对其性格形成影响巨大，而那种神秘体验则属于他童年岁月的本质特征。在荣格的成长过程中，其“第一人格”

和“第二人格”的冲突与协调，同样具有十分重要的意义。荣格于1902年获得博士学位，1903年28岁时与自己心爱的女人结婚，从此荣格获得了事业发展的最为重要的基础。

第二章“荣格思想的背景”，我们从其分析心理学的形成与发展的角度考察了荣格所受的最重要的影响，选择了三位特殊的人物来展开这种影响的意义，他们是弗洛伊德、“斐乐蒙”和卫礼贤。弗洛伊德代表了来自无意识领域的开拓与指引，“斐乐蒙”则是荣格直接进入无意识独自探险的“导师”；而卫礼贤则给荣格带来东方尤其是中国文化的智慧与支持。这里也涉及荣格及其分析心理学思想发展的三个重要阶段：(1) 来自弗洛伊德的影响；(2) 独自面对无意识的收获；(3) 东方智慧的启迪与见证。在这些经历之后，荣格已经是“完成的自己”，同时也形成了他的分析心理学体系。

第三章“分析心理学的基本理论”，由“集体无意识”、“炼金术思想”、“原型的理论”、“原型的意象”、“情结的含义”、“人格的类型”和“自性化过程”等组成，概括了分析心理学理论体系中最重要的思想内容，涉及对“阿尼玛”、“阿尼姆斯”、“阴影”、“人格面具”和“智慧老人”等具体内容的分析。就我自己的心理分析体验而言，理论层面的学习与理解对于临床的实践具有至关重要的意义和作用。

第四章“分析心理学的主要方法”，在阐述了无意识、象征性和感应性的方法论思想的基础上，我们从荣格的词语联想法开始，着重介绍了梦的分析与工作、积极想象和沙盘游戏治疗等具有鲜明特色的分析心理学的主要方法和技术。在所有的心理分析的实际工作中，梦的分析与工作是最常用的方法，积极想象是最有效的方法，沙盘游戏治疗则是目前最流行的技术。

第五章“分析心理学的实践”，首先用“治愈与发展”呈现了分析心理学乃至广义的心理分析实践中有关目的性的思考，然后选择了荣格的三位病人：黑塞（Hermann Hesse）、保利（Wolfgang Pauli）和克里斯蒂安娜（Christiana Morgan），呈现了分析心理学的有效性及其意义。最后，用“分析与转化”探讨了心理分析所包含的阶段性目标以及具有超越性的转化。

第六章“分析心理学的发展”，有对荣格晚年生活和思想的叙述，有对荣格身边早期荣格学者的介绍，也有对后荣格学派的形成以及分析心理学在当代发展的分析。同时，也介绍了对分析心理学的发展至关重要的爱诺思圆桌研讨会。最后，以“分析心理学与中国”为标题，以“心理分析与中国文化国际研讨会”为背景，呈现了当代分析心理学发展的新的期望与前景。

我用“理解与体验”作了“后记”，这也是我从事心理分析的体会。正如我们心理分析与中国文化图标的象征，正如汉字“思”的寓意，头和心是可以整合的，也应该获得整合，荣格及其分析心理学的实践便是例证。

许多年前我在瑞士苏黎世荣格研究院经历心理分析过程的时候，有同事问我对于心理分析的感受，我仍然记得当时的回答：在接受心理分析之前，无意识基本上只是一个概念或理论，更多的是书本上的内容；接受心理分析之后，无意识便成为一种真实的生活。或许，这也是所有接受过心理分析以及从事心理分析工作的专业人士的普通经历。因为只有体验到了无意识的真实意义，才能保证在无意识水平上的心理分析工作。

第一章　荣格成长的足迹

许多年前，我在瑞士苏黎世荣格研究院接受心理分析的训练。每当走在前往研究院的路上，尤其是经过那座小桥，听到流水的响声和感觉到脚下石板的回应时，总有一种踏到了荣格的脚印的感觉。那正是荣格当年几乎每天都要走的路。

1995 年，在瑞士苏黎世举办"国际分析心理学会"年会期间，大会也曾组织了一个活动，称之为"找寻荣格的脚印"。大家前往库斯纳赫特看荣格的房子，去教堂的墓地看荣格的墓碑，去波林根感受荣格的石刻与塔楼。这也都是我在瑞士的时候常去的地方，想着去追寻荣格成长的足迹。

一、梦想的童年

许多专业的荣格学者，都认为阅读荣格的传记《回忆·梦·思考》的第一章"童年"，是了解荣格的最好资料。这不仅仅是因为此章是由荣格自己在 80 余岁高龄时写就，而且是因为其中包含着我们所理解的荣格的命运密码。

（一）荣格的出生

卡尔·古斯塔夫·荣格（Carl Gustav Jung）1875 年 7 月 26 日出生在康斯坦茨湖畔的凯什维尔村庄。父亲是列夫·保罗·荣格（Johann Paul Achilles Jung），母亲是艾米莉·普雷斯沃克（Emilie Jung，nee Preiswerk）。在凯什维尔主教住所的庭院内存放着一块石碑，上面刻着："在这间房子里诞生了卡尔·古斯塔夫·荣格，1875 年 7 月 26 日—1961 年 6 月 6 日，人类灵魂及其潜在奥秘的探索者。"[①]

① 芭芭拉·汉娜：《荣格的生活与工作》，19 页，上海，东方出版社，1998。

荣格出生时的房子

弗洛伊德出生的时候，有人曾对他的母亲赞美说，她为世界带来了一位伟人。弗洛伊德确实做到了。那么，荣格也是，作为对人类灵魂及其潜在奥秘的探索者，荣格也当之无愧。人们常把弗洛伊德比喻为哥白尼，而把荣格比喻为哥伦布，其中也正是对其探索人类未知心灵的称赞。他的集体无意识理论是对弗洛伊德个体潜意识理论的有效扩展，他的原型和原型意象理论，内倾和外倾人格类型理论，以及自性化和共时性概念等，都是对心理学和心理分析，乃至人类思想的重要贡献。

荣格的父母在 1876 年

父亲列夫·保罗·荣格（Johann Paul Achilles Jung，1842—1896），母亲艾米莉·普雷斯沃克（Emilie Jung，nee Preiswerk，1848—1923）。

荣格的父亲列夫·保罗·荣格是一位牧师，在他13位兄弟姐妹中还有另外8位神职人员。在《回忆·梦·思考》中，荣格并没有对父亲做太多的回忆，行文之间还曾流露出几许不满，或许是由于童年所经历的父亲的严肃或严厉。但对母亲，却有着生动而热情的描述：

“我的母亲是一个非常好的母亲。她有着发自内心的母性温暖，饭菜做得美味极了，对人十分友好且生性愉快。”①

但是，荣格也有对母亲的疑惑，尤其是对于夜晚时的母亲：“夜的气氛开始变得浓厚了，各种事都在夜里发生，显得不可理解，令人生疑。父母不在一起睡，我睡在父亲的房间里。从母亲卧室的门传来了怕人的声响。一到夜里，母亲就显得古怪、神秘。”实际上，荣格父母的婚姻也存在许多问题，正如荣格自己所描述的：“我父母的婚姻是不愉快的，充满了摩擦、困难和对耐心的磨练。他们双方都犯过许多夫妇特有的错误。”②这不仅仅是荣格的回忆，也是荣格童年的经历。

荣格的祖父（Carl Gustav Jung，1794—1864）

①② 荣格：《回忆·梦·思考》，48、511页，沈阳，辽宁人民出版社，1988。

荣格的名字与其祖父完全一样。这位祖父是荣格心目中的骄傲。他是瑞士巴塞尔大学的医学教授，曾有传言说他是歌德的私生子，对此荣格本人称其为令人讨厌的流言。在芭芭拉·汉娜所写的荣格传记中，曾引用了一段可能与这位祖父有关的讲稿，表明他早在1850年前后，便重视与强调心理治疗的作用，尤其是在精神病院引入心理治疗的必要。在《回忆·梦·思考》中，荣格这样来描述这位祖父："他具有惊人的强烈的个性。他是一位伟大的组织者，格外主动，才华横溢……"①

不管怎样，这位祖父对荣格的影响是深远的，他的身影也留在了其分析心理学的理论体系中。

荣格的外祖父萨穆尔·普雷斯沃克（1799—1871）是瑞士巴塞尔的主教。萨穆尔的名字源自《圣经》旧约中的传说……荣格称其外祖父不仅知识渊博，而且富有诗人的才气。据说，这位外祖父还具有通灵的能力，有第六感的视觉。

荣格的外祖父（Samuel Preiswerk，1799—1871）

尽管是出生在专职宗教人士的家庭，但荣格生就要探索的是神秘与梦

① 芭芭拉·汉娜：《荣格的生活与工作》，21页。

幻，是未知的无意识世界。

荣格的书签，荣格家的族徽

上图是荣格的书签，荣格家的族徽。据说这个族徽本来是由凤凰图案组成的，据另外一个版本说，是一只破茧而出的蝴蝶，所象征的均是年轻或朝气，直接寓意荣格家族的姓氏（年轻或朝气所寓意的是 youth＝young＝Jung）。后来，荣格的祖父改变了这个族徽，用的是蓝色格调的葡萄，所象征的是神圣的精神，以及五星所象征的炼金术气息。

（二）童年的梦境

“在我六个月的时候，我的父母从康斯坦茨湖边的凯什维尔移居到莱茵瀑布边上的洛封城堡，住进一所牧师宅邸。那是 1875 年。”

这是荣格《回忆·梦·思考》第一章的开始，出自荣格自己的手笔。他接下来的回忆是：

> 开始记事大概是在两三岁。我还依稀记得那住宅、花园、洗衣房、教堂、城堡、瀑布，那个叫做沃思的小城堡和教堂司事的农场。这些记忆仿佛是一片模糊的大海中漂浮的小岛，一个个孤立地浮动着，互相联不起来。

洛封城堡的牧师宅邸，1876 年

这可以看做荣格对自己“最早记忆”的收集，包括下面的童年意象：

有一个情景浮现出来，那也许是我生活中最早的记忆，不过它只是一个非常迷离的印象。我躺在树荫下的一辆儿童车里，那是一个明亮温暖的夏日，天空蓝蓝的，金色的阳光穿过绿色的树叶，儿童车的车罩打开了，我刚刚睡醒；发现了这光辉灿烂的美景，有一种无法形容的舒适感觉。我看见太阳在树叶和花丛中闪烁。一切都是那样的神奇、多彩、美好。[①]

童年的荣格

① 荣格：《回忆·梦·思考》，20～21 页。

若是能够体会荣格所描绘的这童年意境，那么也就是了解了荣格本人的重要线索。不管是从弗洛伊德的理论，还是阿德勒对早期记忆的强调，以及荣格本人的理论来说，这记忆中存留的童年意象都包含着深远的意义。

荣格说，他所记住的最早的梦，发生在3～4岁的时候。梦发生在洛封城堡荣格家附近，教堂农场后面的一片草地上。

> 梦中的我正站在这片草地上。突然，我发现了一个黑色的、长方形的、石砌的洞，我过去从没见过这样的洞。我好奇地走过去，朝里面窥视，看见有一排石阶一直通下去。我迟疑了半天，还是胆战心惊地走了下去。洞底走不多远有一个圆形的拱门，门上挂着一块又大又沉的绿色帷幕，那幕好像是用加工过的锦缎制成的，显得十分气派。好奇心逗弄着我，很想看看幕后边是什么，于是我便掀开了它。在暗淡的光线下，我的面前出现了一个大约30英尺长的长方形屋子，屋顶呈拱形，由加工过的石头砌成，地板上铺着大石板，中间还铺着一条红地毯，从门口一直通到一个低低的平台，平台上放置着一个金光灿烂的宝座，座上也许有一块红色的垫子，那豪华的派头简直就像童话中描写的国王的宝座一样。宝座上立着一个什么东西，最初我以为是个树桩，大概有12～15英尺高，1.5～2英尺厚，它十分高大，几乎顶到了屋顶。后来才发现，它的成分挺有意思，它不是由木头，而是由皮和肉组成的，顶上有一个圆圆的像人头那样的东西，上面没有脸，没有头发，顶端有一只眼睛，一动不动地盯着屋顶。屋子里很亮，可是没有窗户，也没有其他光源，头顶处是一片灿烂的辉光。座上的那个东西虽然没有动，可我总觉得它随时可能会像一条虫那样向我爬过来。我害怕得全身都僵了，这时我听见从外面和顶上传来了母亲的声音："看看它吧，那就是吃人的怪物！"母亲的喊声使我怕上加怕，我吓出了一身冷汗……①

可以看出，即使已经是80多岁，荣格在讲述这梦的时候，梦境依然如此清晰与真切。荣格说："这个梦后来一直占据着我的心。"

根据荣格自己的分析，他在梦中所看到的那东西，实际上是男性生殖器。"几十年后，我才懂得那是一种古老的祭仪中被人崇拜的生殖器。"但

① 荣格：《回忆·梦·思考》，28～33页。

是，梦中亦然呈现出光明与黑暗的结合，或者说是天堂与地狱同时融合在这童年的梦境中。荣格说："通过这童年的梦，我开始参与大地的秘密，那是一种深藏于地下的旅程，过了很多年我才重出其中。今天我才明白，那是为了把最大量的光引进黑暗中，是进入黑暗王国开始的仪式。那也是我理智生活的无意识开端。"①

（三）神秘的体验

> 心中藏有秘密，对我的性格形成影响巨大。我认为这是我童年岁月的本质特征。我沉溺在自己的秘密中，一心探寻它的意义，却不知道想要表达什么。
>
> ——荣格

光明的美好——"明亮温暖的夏日，天空蓝蓝的，金色的阳光穿过绿色的树叶……"与黑暗的恐惧——黑色的石洞，胆战心惊的探索，吓出的一身冷汗……这对于童年的荣格来说是很不容易的，这种阴阳交织的感受一直伴随着荣格的成长，转化为种种童年的神秘体验。

荣格说：我记得小时候很喜欢玩火。"我们家花园里有一堵用大石头砌成的老墙，石头缝形成了洞，我常在一个洞里生一小堆火，让别的孩子帮助我四处找木头，不断添柴，为的是不让火熄灭。这堆火只归我一个人照管，别的孩子可以在别的洞里生火，可他们的火不圣洁，与我无关。我的火烧得很旺，上面有一圈圣洁的辉光。"② 这是一个七八岁的孩子，受某种神秘使命的驱使，要为黑暗带去光明。就在这堵墙的前面有一道斜坡，斜坡里埋着一块突出的石头，荣格称"这是我的石头"。童年的荣格，就常常独自坐在这石头上，陷入阵阵天真的冥想："我现在坐在石头上，石头在我下面。"但石头也能说"我"，也能想，"我躺在这道斜坡上，他正坐在我上面。"于是问题就来了："我是那个坐在石头上的我呢，还是上面坐着他的石头呢?"

在茫然于这石头与自我的思索时，荣格说，往往有一种特殊的黑暗感伴随着这童年的疑惑……30年过后，接近不惑之年的荣格重又站在那道斜坡上，凝望着童年时曾坐着幻想的石头，他说："突然我又变成那个曾经

① Jung C. G.，*Memories*，*Dreams and Reflections*. New York：Vintage Books，1965：15.
② 荣格：《回忆·梦·思考》，40页。

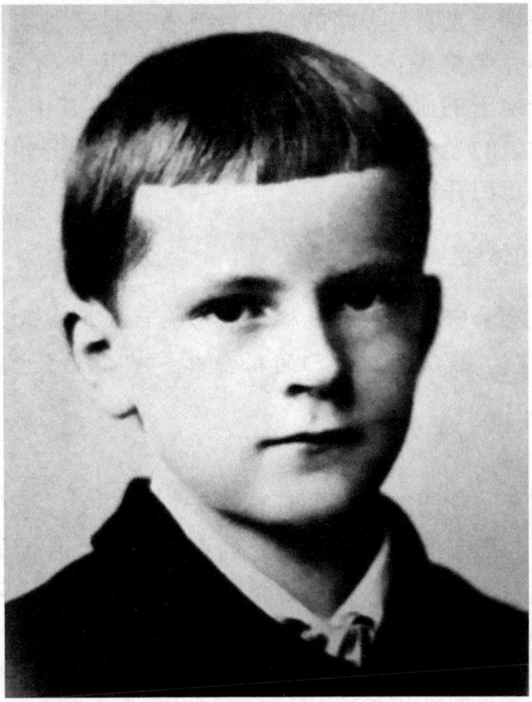

荣格在孩童时代

点一堆神秘意义的火，并且坐在石头上苦思冥想究竟石头是我，还是我是石头的孩子了。”①

对此，童年的神秘体验，有了成年智慧的结果。荣格说：“我永远也不会忘记那一时刻，它像一闪即逝的电光照亮了我童年的永恒性。”与那神秘之火光和石头上的幻想同样重要的是，荣格在其上学用的尺子上，刻了一个小矮人，“大约两英寸高，穿礼服，戴着高帽子，脚蹬一双亮闪闪的黑靴子”。荣格用墨水把它染成黑色，然后从尺子上锯下来，放在铅笔盒里。荣格还在铅笔盒里给这个小矮人做了一张小床，用一点儿羊毛给它做了件大衣。同时，荣格去莱茵河边给这个小矮人找来一块光滑的长方形的黑石头，也放进了铅笔盒。

荣格说这一切都做得极为神秘。他悄悄地把铅笔盒拿到房顶的阁楼上，藏在一根大梁上，他为此感到极大的满足和快慰。“我经常每隔几个

① 荣格：《回忆·梦·思考》，41页。

星期，躲开人们的注视，溜上阁楼，爬上大梁，打开铅笔盒，看看我的小人和他的石头，每次我还要在盒子里放一个小纸卷，上面是我在学校写的、只有我自己明白的语言。”

于是，83 岁的荣格说：“心中藏有秘密，对我的性格的形成影响巨大。我认为这是我童年时代的本质特征。”①而这种藏有秘密的孩子的神秘气氛，也就不仅仅是荣格童年时代的本质特征，也是荣格成长与发展的主要特点。

二、求学与成长

刚过 6 岁不久，荣格的父亲就开始教他拉丁文，接着便送他去上小学。在荣格回忆自己成长过程的时候，对于自己早期的阅读能力和阅读体验甚感欣慰。即使是童年阅读的插图本小人书，荣格也能有其天然的心理分析感受。

“每当我看到这些插图（关于各国宗教的插图小人书）时，总有一种朦胧的感觉，觉得它们和我那‘原始的启示’有某种亲和性；我从未对人讲起过它，也永远不准备道破这个秘密。”②

1886 年，11 岁的荣格进入了巴塞尔大学预科。巴塞尔是瑞士最具传统的城市之一，位于瑞士的北部，与德国和法国交界。从乡村来到城市，对于 11 岁的荣格来说是需要适应的。面对大城市的同学，荣格的“心头交织着惊异和妒忌的情绪”③，他甚至表示这种隐蔽的情绪使他感到恐慌。但是，农村与城市的对比，以及贫穷与富有的反差，也使得荣格更能理解自己乡下的父母。“我开始以异样的目光来看待父母，开始懂得他们的甘苦。”④

几个月后，荣格产生了厌学的情绪。1887 年初夏的一天，荣格放学后回家的途中，被一位同学推撞摔倒，几乎失去知觉。以后有半年多的时间他没有去上学，遇到和学习有关的事情还常有昏厥现象的发生。于是，荣格也就有了几个月的自由自在的时间和空间，继续他自己从童年便伴随着他的神秘游戏。直到有一天，父亲对他前途的担忧打动了他幼小的心灵。他开始克服自己的“昏厥病”而认真地读起书来。几周后他返校学习，一扫以往的厌学情绪和态度。荣格回忆说：“我就是在这时明白了，什么是

①②③④　荣格：《回忆·梦·思考》，43、37、46、47 页。

神经症。”①

不仅如此，荣格在其自传中说：“我从我们居住的克莱恩—亨宁金那儿上学的路出发，前往巴塞尔，途中刹那间我获得一种势不可当的印象，觉得自己刚从浓密的云层中探出头来。我立即明白了一切：现在我是我自己了。”②

荣格与父母、妹妹，大约在 1893 年

1895 年，荣格顺利地通过大学考试，进入了巴塞尔大学医学院。

根据荣格自己的回忆，他在报考大学之前所做的两个梦，对于他报考专业起到了决定性的作用。梦中他受自然与生物的吸引，促成了他的医学选择。

成长中的荣格，仍然受困于“第一人格”和“第二人格”的内在争拗，在研习自然与科学的同时，也十分关注人文和哲学。他从歌德的《浮

①② 荣格：《回忆·梦·思考》，57、58 页。

荣格在医学院的时候，1896—1897 年（荣格在第一排的左边）

士德》中寻获了莫大的宽慰，以及心理成长的支持。

“在《浮士德》里有某种可直接作用到我感情上的东西……《浮士德》是第二人格的活生生的等同物，而且我相信，浮士德就是歌德给其时代所作出的回答。这种顿悟不但对我有很好的安慰作用，它还给予我一种更大的内心安定感及一种我属于人类社会的感觉。”在这种意义上，荣格把歌德视为自己内在的权威和教父。

就在这个时候，荣格做了这样一个梦：梦中的荣格，顶着强劲的大风在黑暗中痛苦地前行，随身带着一盏灯，但在夜风的吹袭下随时可能熄灭。在梦中，荣格用自己的两只手去护住这飘忽的灯火。突然间，荣格发现背后有个东西向他走来。他回过头去，只看见一个巨大的黑色人影……尽管甚感恐慌，但他仍然知道要尽力来保住这盏灯火。

荣格在其《回忆·梦·思考》中曾这样来分析这个梦：他认为梦中的灯是他意识的象征，他自己的理解力便是他所拥有的财富。而梦中提灯的人，就是他的“第一人格”，那巨大的黑色人影，就是他的“第二人格”。

在大学期间，荣格博览群书，在歌德之外，尼采是他的另一个知音。对于荣格来说，读《查拉图斯特拉如是说》，如同读《浮士德》，同样是重大的内心体验。于是，“第二人格”及其浓厚的阴影气氛，始终伴随荣格的成长。

波林根石刻的提灯人

这是荣格在其波林根石刻上刻的小人，依稀有那梦中提灯者的身影……

这时，荣格读到了克拉夫特-埃宾的《精神病学》（1890）。只是在序言中的几句话，深深地打动了年轻的荣格："（读了）几行之后，其作者把精神病患者称作'人格之病'。我的心突然开始呼呼地跳了起来。"荣格接着说："我只好站起来深深地吸了一口气。我变得十分激动，因为在一闪而过的启示里，对我来说已变得很清楚，精神病学才是我的唯一可能目标。"①

三、成家与立业

1900年12月，荣格来到苏黎世布勒霍尔兹利精神病院，开始其作为助理医师的住院实习。尤金·布洛伊勒（Eugen Bleuler）当时是那里的院

① 荣格：《回忆·梦·思考》，188页。

克拉夫特-埃宾（Dr. Richard von Krafft-Ebing，1840—1902）

他的《精神病学》一书，对于荣格的专业选择深具影响。

苏黎世布勒霍尔兹利精神病院，荣格最初实习与工作的地方

长，1902年荣格以《超自然现象研究》完成其博士论文的时候，在发表的扉页上注明了经由布洛伊勒的指导和推荐发表。

尤金·布洛伊勒（Eugen Bleuler，1875—1939）

荣格的博士论文以其素有灵媒之称的表妹海林娜·普雷斯沃克（Helene Preiswerk）为主要研究对象。为此，荣格曾多次参加由海林娜表演的“降神会”和特异功能。实际上，到了后来荣格发现，这位比他小许多岁的表妹早已暗恋于他。她的许多表演可能仅仅是为了取悦荣格。但是，正如温森特·布罗姆对此的评论：“荣格对于一切充满怀疑、不可知论的现象的考察和研究，是为了去探寻这些现象的心理学意义上的原委。他绝不仅仅是轻易上当受骗从而陷入魂灵论泥坑中的又一位牺牲者；他的研究和考察是由更为真诚和执著的科学追求所推动的。”①

1902—1903 年的冬季，荣格曾请假前往法国巴黎，师从让内（Pierre Janet）一段时期。在精神动力学以及动力精神医学的发展史上，让内具有十分重要的地位。他坚信自己早于弗洛伊德提出精神分析理论，包括发现与使用神经症的宣泄疗法。

① 温森特·布罗姆：《荣格：人与神话》，79 页，北京，新华出版社，1997。

海林娜·普雷斯沃克（Helene Preiswerk，1902）

让内（Pierre Janet，1859—1947），荣格曾随其学习精神医学

荣格从法国回来后不久，便与爱玛·罗森巴赫（Emma Rauschenbach）结婚（1903）。大约 7 年前，荣格第一次见到爱玛的时候，便认定她就是他命中注定的伴侣。当时的爱玛只有 15 岁。

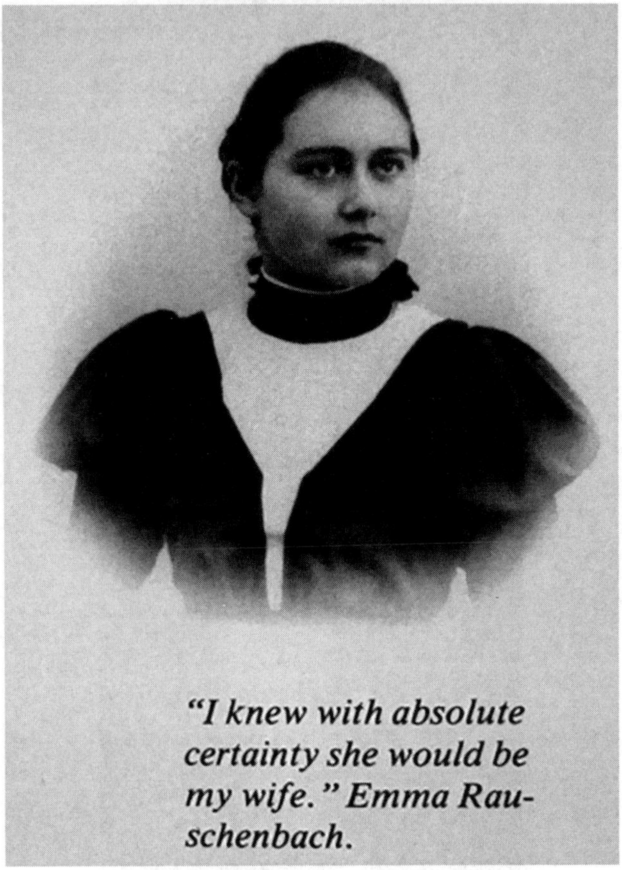

荣格的妻子爱玛

荣格对爱玛可谓一见钟情，他说他绝对知道那就是他的妻子，尽管当时她才 15 岁。

爱玛的娘家十分富有，拥有一家国际钟表公司（IWC），这是瑞士手表中的名牌。她与荣格结婚后不久，就在位于库斯纳赫特的苏黎世湖边修建了自己的大房子。她与荣格相伴 52 年，生育了 4 个女儿和 1 个儿子，1955 年由于癌症去世。

芭芭拉·汉娜在其《荣格的生活与工作》中曾这样写道："刚到布勒

荣格与爱玛，1903 年

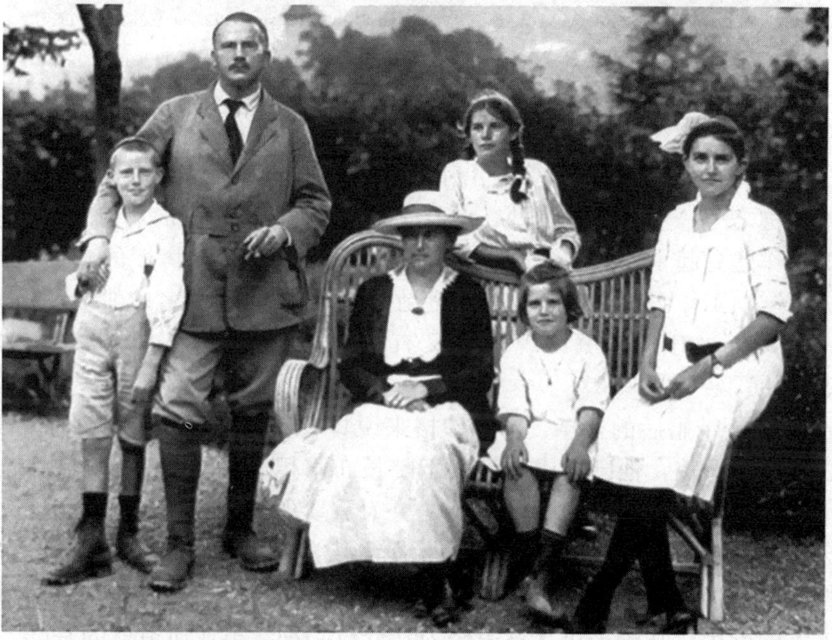

（右起）二女儿安娜、三女儿玛丽娅、大女儿阿卡莎、儿子弗朗兹

荣格在库斯纳赫特的房子

霍尔兹利，荣格还只是一个25岁的未婚青年。而当他离开那里时，他已是个34岁，已婚并有了两个小女儿和一个小男孩的人了。当时，他已接近了后来他称之为一生的中点之处，他认定那是在35岁。他常常指出，他前半生的工作建立起了外部生活的根基。随着库斯纳赫特的房屋的建成，荣格完成了这项工作：在业务上，他已经在欧洲和美国出了名；他结了婚，有了一个人丁兴旺的家庭；现在他又有了自己的房子和使他最终扎根的土地。”①

1903年结婚后的几年，对于荣格来说具有十分重要的意义。在布勒霍尔兹利精神病院，他已经成为仅次于院长布洛伊勒的人物，同时获得了苏黎世大学精神病学讲师的职位。但是更为重要的是，在荣格作为实习医生临床实践的基础上，他重新理解了弗洛伊德学说的意义。1906年他与弗洛伊德开始通信，1907年两人首次会面，1909年同时被邀请参加美国克拉克大学的校庆，其中都包含着荣格为其分析心理学事业所造就的基础。

① 芭芭拉·汉娜：《荣格的生活与工作》，112页。

1955 年荣格在爱玛去世之后，在一块石头上用中文刻着这样几个字：“你是我房屋的基石。”荣格与爱玛的结合，以及在库斯纳赫特建造的房屋，不管是在真实的意义上还是在象征的意义上，也都是其分析心理学事业的重要基石。

荣格家的大门

门栏上用拉丁文刻着这样一句短语：“不管召唤与否，上帝无处不在。”

第二章　荣格思想的背景

若是我们在一般的学术意义上来分析荣格心理学思想的背景，那么会涉及许多有关的人物与事件。比如，布洛伊勒、沙可和让内等来自精神病学方面的影响；康德、歌德、叔本华和尼采等来自哲学方面的影响，以及诺斯替教义和诸多神话与宗教学者的研究成果等等，甚至还要考察当时的历史与社会背景。

但若是我们在荣格思想背景的基础上，来分析荣格之所以成为荣格的最重要的因素的话，那么有三个尤其重要的线索，涉及三位十分特殊的人物，他们是：弗洛伊德、“斐乐蒙”和卫礼贤。

弗洛伊德代表了来自无意识领域的开拓与指引，“斐乐蒙”则是荣格直接进入无意识独自探险的“导师”；而卫礼贤则给荣格带来东方尤其是中国文化的智慧与支持。这里也涉及荣格及其分析心理学思想发展的三个重要阶段：(1) 来自弗洛伊德的影响 (1900—1912)；(2) 独自面对无意识的收获 (1912—1923)；(3) 东方智慧的启迪与见证 (1923—1930)。在这些经历之后，荣格已经是“完成的自己”，同时也形成了他的分析心理学体系。

一、荣格与弗洛伊德

荣格在晚年与其秘书安妮拉·亚菲一起撰写其自传《回忆·梦·思考》的时候，专门为弗洛伊德撰写了一章，叙述了他对弗洛伊德本人及其思想的评价。《荣格全集》的第 4 卷取名为《弗洛伊德与精神分析》(*Freud and Psychoanalysis*)，收录了他在 1906—1916 年专门讨论弗洛伊德及其经典精神分析的论文，再加上后来补充的一些内容。即使是与弗洛伊德分裂之后，荣格仍然承认弗洛伊德的伟大和影响。

但是，从严格的意义上来说，荣格并非弗洛伊德的学生，尽管深受其影响，尤其是通过其 1900 年出版的《梦的解析》。带着年轻人的热情，荣格称《梦的解析》乃“划时代之作……也许是有史以来的最大胆之作，旨在把握作用于明显坚实的经验性基础的无意识心灵的种种不解之谜。对于那时我们这些年轻的精神病医生来说，此书是……使人顿开茅塞的启迪之源。”①

弗洛伊德（左）、霍尔（中）、荣格（右）

这是弗洛伊德与荣格1909年访问美国时的照片。两人在前排“平起平坐”，而后面站着的则是弗洛伊德的学生琼斯等。

荣格曾回忆说，自己初读《梦的解析》的时候并未能很好地理解。两年后（1903）重读该书的时候，“才发现它与我自己的想法殊途同归”②。

荣格所说的“殊途同归”，当时所指的是弗洛伊德关于“压抑机制”的理论。荣格在其词语联想测验中遇到了同样的问题，导致词语联想偏差的原因，同样是“压抑机制”的作用。不过，弗洛伊德认为，压抑的内容主要是性欲及其挫折，而荣格则认为在性欲之外，还有许多更为重要的内容，比如社会适应、生活压力等，这是他们一开始就有的分歧的方面。

但是，从《梦的解析》问世开始，荣格也就开始了与弗洛伊德的特殊关系。当时，精神分析还未能被社会所接受，有关的研究与言论还在经受

①② 荣格：《回忆·梦·思考》，251页。

各方的责备与抨击。1906 年，荣格撰写文章为弗洛伊德辩护（“弗洛伊德的有关癔症的理论：答阿查芬堡”），受到一些知名教授的警告，说这样会为他自己的学术生涯带来危害。荣格十分坚定地予以回复：“要是弗洛伊德所说的是真理，我就会站到他的一边。要是学术必须基于限制探索及取消真理这个前提，对于这种学术我将弃如敝履。”①

弗洛伊德邮寄给荣格的照片

荣格给弗洛伊德寄去他关于词语联想的研究论文，开始了两人之间的书信往来。弗洛伊德回赠荣格一幅他自己的照片，也很想知道荣格的长相。于是，1907 年，荣格从苏黎世前去维也纳拜访弗洛伊德，第一次见

① 荣格：《回忆·梦·思考》，254～255 页。

面，两人持续畅谈了 13 个小时。荣格曾在其自传中这样说："我们于 1907 年终于在维也纳进行第一次见面。我们是在下午一点时见面的，然后实际上便一口气进行了 13 个小时的交谈。"①

荣格，1903 年

荣格与弗洛伊德可谓"一见钟情"。弗洛伊德比荣格大 19 岁，俨然一位父亲。实际上，弗洛伊德从一开始，就有意无意地把荣格视为自己的儿子。因而，荣格也就有了精神分析"皇储"的称呼。

不过，就是在这第一次会面的时候，荣格与弗洛伊德便有所分歧，主要表现在对"灵性"和"性欲"问题的看法上。荣格在其自传中说：无论在一个人身上，还是在一件艺术品上，只要显现出灵性，他（弗洛伊德）便对之加以怀疑，并拐弯抹角地认为这是受压抑的性欲的表现。对此荣格不能同意，认为这样就把文化看成了闹剧，文化就只是受压抑的性欲的病

① 荣格：《回忆·梦·思考》，254～255 页。

态的结果。而弗洛伊德则表示事实本来就是这样。

荣格在维也纳弗洛伊德诊所的大门前（1910 年）

于是，荣格认为弗洛伊德已经在情感上深深地陷入到有关性的理论中去了。当弗洛伊德提到性的时候，“他的声调便变得急迫起来，甚至几乎达到焦急的程度，而他那正常的批判性和怀疑性的一切迹象也就随之不见了。这时他脸上便会出现一种奇怪的、深受感动的表情，这到底是什么原因我可就无从知道了。我有一种强烈的直觉，觉得性欲对于他来说已变成了一种神秘之物”①。

① 荣格：《回忆·梦·思考》，256 页。

荣格 1909 年去维也纳拜访弗洛伊德的时候，话题仍然绕回到关于“心灵感应”的现象上来。对此，弗洛伊德当时是坚决反对的，认为那纯属无稽之谈。荣格这样回忆道：

> 在弗洛伊德这样说着话的时候，我有一种异样的感觉。我的横膈膜这时仿佛变成了铁做的并正在变得赤热，成了一个红光闪闪的拱顶。就在这时，书架突然发出了十分响亮的砰的一声，而这书架就在我们身边，结果我俩被吓得跳了起来，担心这东西倒下来砸在我们身上。我对弗洛伊德说道：“瞧，这就是一个所谓的催化性客观现象的例子。”“哈，”弗洛伊德叫道，“这可是胡说。”①

维也纳第九区，Berggasse 大街 19 号

1891—1938 年的 47 年中，弗洛伊德都是在此居住与工作，目前是弗洛伊德博物馆。荣格与弗洛伊德的首次见面也是在此。

① 荣格《回忆·梦·思考》，256 页。

不管怎样，荣格与弗洛伊德最终是由于无法调和的冲突而分道扬镳的。对此既是双方的损失，也是各自的命运。实际上，弗洛伊德是把荣格当作自己的“儿子”或“继承人”的，这是弗洛伊德的情结。1912 年荣格出版了其《里比多的转化和象征》，凸现了彼此已经产生的裂痕。该著作的出版，宣告了荣格与弗洛伊德关系的结束，同时也成为荣格分析心理学的奠基。

1911 年维也纳精神分析会议，弗洛伊德与荣格在大会合影中

在《里比多的转化和象征》瑞士版第四版的前言中，荣格曾披露他当初撰写此书的时候做的一些梦，预示着他与弗洛伊德的分裂。后来，该书经过修改，收入了《荣格全集》，成为其中的第五卷。

1913 年 1 月，几经冲突与争吵之后，尽管爱玛·荣格也加入调解，但终归于事无补，荣格与弗洛伊德决定“分手”。

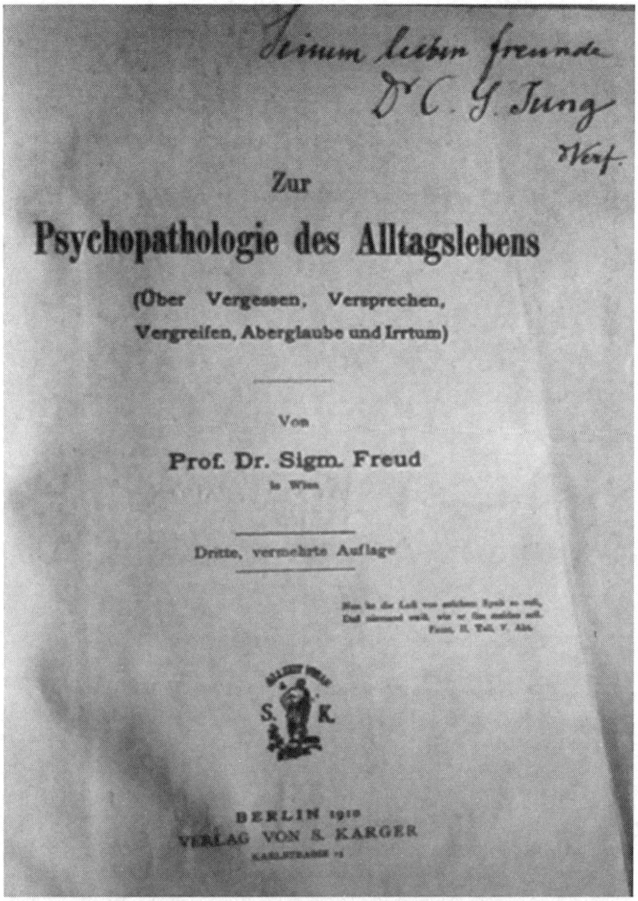

Seinem lieben Freunde
Dr C. G. Jung
Verf.

Zur
Psychopathologie des Alltagslebens
(Über Vergessen, Versprechen,
Vergreifen, Aberglaube und Irrtum)

Von
Prof. Dr. Sigm. Freud
in Wien

Dritte, vermehrte Auflage

S. K.

BERLIN 1910
VERLAG VON S. KARGER

弗洛伊德赠送给荣格的《日常生活心理病理学》
德文第三版（1910），上面有其签名并写着：“送给我亲爱的朋友，荣格”

1913 年 1 月 3 日，弗洛伊德在写给荣格的一封信中说：“我们分析学家有一个习惯，那就是不必耻于自己的神经官能症。但是如果有一个人行为不正常，却老是叫嚣自己正常，就会给人一个怀疑的基础，觉得他对自己的疾病缺乏认识。因此，我建议我们完全放弃我们的个人关系。”[①]

荣格很快就十分果断地回复了弗洛伊德（1913 年 1 月 6 日）：“我同意

① Freud. S，Jung C. G. *The Freud/Jung Letters*. Mcguire W. (Eds.). Princeton，NJ：Princeton University Press，1974，pp 538－539.

Dem Lehrer und Meister zu Füssen gelegt von einem ungehorsamen aber dankbaren Schüler.

WANDLUNGEN UND SYMBOLE DER LIBIDO.

BEITRÄGE ZUR ENTWICKLUNGSGESCHICHTE DES DENKENS.

VON

DR. MED. ET JUR. C. G. JUNG,

PRIVATDOZENT DER PSYCHIATRIE AN DER UNIVERSITÄT IN ZÜRICH.

SONDERABDRUCK
AUS DEM
JAHRBUCH FÜR PSYCHOANALYTISCHE UND PSYCHOPATHOLOGISCHE FORSCHUNGEN, III. UND IV. BAND.

LEIPZIG UND WIEN.
FRANZ DEUTICKE.
1912.

荣格《里比多的转化和象征》1912 年出版后，用极其谦卑的语气赠送给弗洛伊德："由其桀骜不驯但充满感激的学生，置放在导师与主人的脚下。"

你的愿望，完全放弃我们的个人关系。因为我从来不向任何人强求友谊。这一刻对你具有什么意义，你自己是最好的裁判。余下的只是沉默。"①

实际上，"余下的并非只是沉默"。两人又继续通信了一段时间，作为相互的"分析"；最后他们割舍了彼此的个人联系，各自发展其专业的建树。

---

① Freud. S，Jung C. G. *The Freud/Jung Letters*. Mcguire W. (Eds.)Princeton，NJ：Princeton University Press，1974，p. 540.

荣格晚年撰写自传的时候，这样来总结他对弗洛伊德的看法与评价：

弗洛伊德的最大成就大概包括他把精神病人加以严肃的对待，并深入他们怪癖的个别的心理之中。他有勇气让病例说话，而这样做时他便得以深入其病人的真实心理之中。比如说，他用病人的眼光来看待周围的世界，从而便得以比以往任何时候都更深刻地来理解精神病。在这方面，他确是不为偏见所左右，有勇气并成功地纠正了大量偏见。他像《圣经·旧约》中的一位先知，动手推翻了虚假的神祇，撕去了掩盖种种不诚实与虚伪的幕布，从而无情地揭露了当代精神的腐朽性。在面对这样一种工作所引起的人们的冷落时他并不畏缩踌躇。他对我们文明的推动产生自他发现了一条通向无意识的坦途。由于肯定了梦是有关无意识的种种过程的最重要的信息之源的价值，他把一种看来不可挽回地已丢失了的工具重新交回到了人类的手里。①

二、荣格与“斐乐蒙”

荣格是按着时间顺序来撰写他的《回忆·梦·思考》的，讲述完他与弗洛伊德的故事，接着是“面对无意识”(Confrontation with the Unconscious)一章。荣格坦然表白：“与弗洛伊德分道扬镳之后，有好长一段时间我内心里产生了一种无可适从之感。可以毫不夸张地说，这种状况可以称之为失去了方向。我感到完全悬在了半空中，原因是我此时尚未找到立足点。”②

关尹子说得好，善射者师弓不师羿。尽管弗洛伊德是无意识心理学领域的开辟者，但是，特殊的生活经历，使得荣格不得已而独自面对无意识本身。于是，无意识对于荣格来说，就不再是弗洛伊德或任何其他人的解释与说明，而是他自己的真实体验与切身感受。而在这种无意识的体验与感受之中，他找到了自己的立足点，获得了其内在的“导师”：“斐乐蒙”(Philemon)。

1913年12月，荣格从无意识中获得了一个重要的意象：“斐乐蒙”。“斐乐蒙”从一个希伯来先知的形象中发展而来，荣格称其为“异教徒”，“他所带来的是有着诺斯替教色彩的一种埃及与希腊合一的气氛”③。

“斐乐蒙”是这样在荣格的梦中出现的：“梦中出现了一个像大海那般

①②③ 荣格：《回忆·梦·思考》，286、288、309页。

荣格自己所画的“斐乐蒙”，其智慧老人的意象

蔚蓝的天空，天上漂浮着的不是云彩，而是平平的棕色土块。土块像是正在散裂开似的，于是在这些土块之间，蔚蓝的海水便可以让人看见了。但是这海水便是蓝天。突然间，一个带翼的人从右方横驶过天空。我看出来这是个长着牛角的老人。他系着结成一串的四条钥匙，他紧握着其中一把钥匙，像是要打开一把锁似的。他长着翠鸟的羽翼，颜色也跟翠鸟的一样。”①

得到这梦境之后，荣格就试着去画梦中的“斐乐蒙”，完全沉浸在与这一特殊意象的沟通与交流之中。过了两天，他竟然在自己家靠湖边的花园里，真的发现了一只翠鸟，一只没有任何伤痕但已经死去了的翠鸟。

于是，这梦中的“斐乐蒙”及其意象使荣格恍然顿悟：在心灵中存在着的种种事物，它们不是由意识派生出来的，而是自然产生并拥有其独立自主的生命。这也就是荣格“心理的真实性”的思想源起。从此以后，荣

① 荣格：《回忆·梦·思考》，310页。

格便常常与他的内在导师“斐乐蒙”交谈。荣格说：“从心理学上说，‘斐乐蒙’所代表的是更高级的洞察力。对我来说他是个神秘的形象。但是他对我显得真实，像是个有生命的人。”①

与弗洛伊德分裂之后，荣格开始了与无意识的直接面对。实际上此时荣格的生活陷入了黑暗时期。这个时期正如他自己所描述的那样，有失去方向、无所适从的感觉。但是，有了“斐乐蒙”，无疑象征着黑暗中的明灯，指引着荣格逐渐看清了无意识世界的内容。荣格说，标志着他逐渐走出黑暗的一个重要事件，是他对于曼荼罗的绘制与领悟。

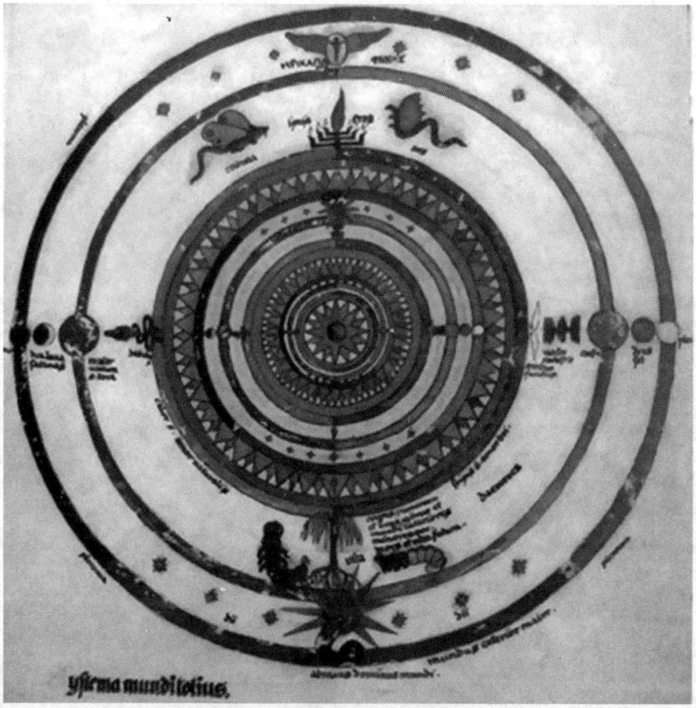

荣格的第一幅曼荼罗，1916年所作

在此曼荼罗的背后，荣格用英文写了这样一行文字：“这是我的第一幅曼荼罗，绘制于1916年，完全在无意识中完成。卡尔·荣格。”

荣格是在1918—1919年开始绘制曼荼罗的。他每天都在自己的笔记本

① 荣格：《回忆·梦·思考》，311页。

上，画一些圆形的图画，似乎恰恰对应于自己某种内在的心境。荣格在这个时期画了许多幅曼荼罗。每当画它们的时候，也总是问自己一些问题：这样一个过程正导向什么？其目的在哪里？

荣格说："事后只是慢慢地我才发现什么才是真正的曼荼罗。"荣格引用歌德《浮士德》中的话说："'成形、变形、永恒的心灵的永恒的创造。'而这便是自性即人格的完整性。"[①]于是，对于荣格来说，他的曼荼罗，也就是深层自我的表现与反映。这种表现与反映所带给荣格的，就是其对于自性化道路的领悟。

有了对无意识的体验和感受，有了"斐乐蒙"这样一位内在的"导师"，荣格开始从无意识中吸取着丰富的灵感。83岁的荣格着手撰写其自传的时候，曾这样肯定地说："今天，我可以说，我一直从未割断我与这些初始的体验的联系。我所有的著作，我的一切创造性活动，都始自1912年即差不多50年前的这些最初的幻觉和各种梦。我晚年所取得的一切均已包含于它们之中，不过最初只包含在各种情感和意象的形式里就是了。"[②]

荣格的《红皮书》，记录着他直面无意识过程中的体验和经历，包括他的许多绘画

于是，荣格所面对的无意识，以及面对与接触无意识过程中的体验，

①② 荣格：《回忆·梦·思考》，332、326页。

就成为其日后理论的最重要的来源。荣格深切地体会到，把各种情感体验变成意象，便包含着重要的治愈效果。荣格与其“斐乐蒙”的沟通，也帮助他形成与完善了其积极想象的技术。在其自传“面对无意识”一章的最后，荣格这样总结了他的感受与体验：“我追溯我那些内心意象的年头是我一生中最为重要的岁月——一切根本性的东西都在其中确定了。一切都是从那时开始的，后来的细节详情不过是这一材料的补充和详述而已；这材料正是从开始笼罩我的无意识中爆发出来的。这就是那可供终生研究的原始素材。”①

荣格的绘画，斐乐蒙和其他一些形象，大约作于1917年

从此画中我们可以看到，只有“斐乐蒙”脚踏实地，伸出其大手……而其他形象的人，都是漂浮在半空中。

① 荣格：《回忆·梦·思考》，338页。

三、荣格与卫礼贤

“斐乐蒙”深深地影响着荣格，是其无比重要的内在“导师”。但是，毕竟，“斐乐蒙”来自梦和无意识，作为意象的“斐乐蒙”更多的只属于荣格本人。受这样一位内在“导师”启发所形成的理论与思想，仍然需要某种印证。曼荼罗展现着来自深层自性的消息，预示着自性化的出现与发展，但是这也需要某种确信与呼应……

荣格在其自传中说：

> 几年之后（1927 年），我由于做了一个梦而使我对有关这个中心及自性的想法得到了确信。我可以用我称之为“永恒之窗”的一幅曼荼罗来表示其本质性的理解。这幅画后来印在了《金花的秘密》一书里。一年之后，我又画了一幅同样的曼荼罗，在此画的中央处则是一个金色的城堡。这幅曼荼罗画完后，我问自己道：“为什么这么像中国画?”我对于其形式和色彩的中国感觉印象深刻，尽管其外观上并没有任何中国画的东西，但是我却深感它与中国的联系。于是，接着就发生了奇妙的巧合，我收到卫礼贤寄来的一封信，信中附有一部论述道家炼丹术的书稿，标题也是《金花的秘密》。他还要求我就此写一篇评论文章。我即刻如饥似渴地来阅读这书稿。因为书中所述对我关于曼荼罗以及自性作为中心的想法，给予我做梦也不曾想到过的证实。这便是打破了我孤独的第一件事。我慢慢感受到了一种共鸣，我终于可以与某件事和某个人建立起联系了。①

荣格在其自传中明确地表白，是卫礼贤帮他找到了重返这个世界的归路。

于是，这也就开始了荣格与卫礼贤的缘分。卫礼贤（Richard Wilhelm，1873—1930），又译作理查德·维尔海姆，1873 年 5 月 10 日出生于德国，1930 年去世。在其 57 年的人生历程中，有 25 年是在中国度过的。1899—1920 年他一直生活与工作在青岛，1922 年起又在德国驻华使馆工作，并在北京大学任教；1924 年回到德国之后，在法兰克福大学任中国史和中国哲学的荣誉教授，仍然从事有关中国文化的研究与工作。他曾在劳乃

---

① Jung C. G. , *Memories*, *Dreams and Reflections*. New York: Vintage Books, 1965, p. 197.

宣的帮助下将《易经》翻译成德文（1924），用20年的时间翻译与主编了8卷本的《中国宗教和哲学系列》（1910—1930），成为世界著名的汉学家。但是，卫礼贤与中国不仅仅是学术的关系，正如他自己在其《中国心灵》一书的前言中所说：“我有幸在中国度过了生命中25年的光阴。像每一个在这块土地上生活了许久的人一样，我学会了爱这个国家，爱她的人民。”①

荣格的“金色城堡”的曼荼罗

下面的德文是荣格完成此曼荼罗之后写下的：“此画作于1928年，画的是一个防卫森严的金色城堡。此时，身居法兰克福的卫礼贤给我寄来论述黄色古堡即长生不老之源的一篇三千年前的中文文章。”

1994年8月，以主席托马斯·科茨（Thomas Kirsch）博士和名誉秘书长默瑞·斯坦（Murray Stein）博士为代表的国际分析心理学会，对中国进行了正式的学术访问。在华南师范大学所举行的一次研讨会上，科茨博士提出，就荣格心理学思想的形成而言，卫礼贤的影响，远远超过了弗

① 卫礼贤：《中国心灵》，北京，国际文化出版公司，1998。

卫礼贤（Richard Wilhelm，1873—1930）

洛伊德或其他任何人。实际上，荣格自己也承认这一点，就在其纪念卫礼贤的悼文中他曾这样说："事实上，我认为卫礼贤给了我无限的启迪，我所受他的影响，远远超过了其他任何人……"①

卫礼贤在荣格生活中的出现，不但给荣格带来了东方的智慧，带来了《易经》的意义，带来了道家内丹的理论，而且见证了荣格面对无意识的经验，使荣格获得了莫大的支持。荣格在研究与撰写《金花的秘密》（与卫礼贤合著）的过程中，完善了他的积极想象技术，尤其是将道家"自然"、"无为"的意义付诸这种心理分析的技术之中。《金花的秘密》见证了荣格通过曼荼罗对于自性的探索与感受，同时也在象征的意义上，促成了荣格对于"炼金术"的融会贯通。通过卫礼贤，荣格获得了对《易经》的理解。在《金花的秘密》一书中，我们可以读到这样的评论："《易经》中包含着中国文化的精神与心灵，融汇着几千年来中国伟大智者们的共同倾注，历久而弥新，至今仍然对理解它的人，展现着无穷的意义和无限的启迪。"这是荣格对于《易经》的理解，以及他对于《易经》之情感的表

① Wilhelm R., Jung C. G., *The Secret of the Golden Flowers: A Chinese Book of Life*. Baynes F. C. (Trans.). Orlando, Florida: Harcourt Brace & Company, 1962, pp. 139-151.

达。荣格说，“任何一个像我这样，生而有幸能够与卫礼贤，与《易经》的预见性力量做直接精神交流的人，都不能忽视这样一个事实，在这里我们已经接触到了一个‘阿基米德点’而这一‘阿基米德点’足以动摇我们西方对于心理态度的基础”①。这个“阿基米德点”，是荣格对于《易经》的接受和理解，而这个“阿基米德点”也正是荣格心理学发展的关键。

卫礼贤（Richard Wilhelm，1873—1930）

荣格自己曾有过这样的表达：“卫礼贤一生所从事的工作，对我来说是如此的重要和具有价值，是因为他为我解释与证实了我过去一直在追求、在思考、在向往以及在从事和研究的东西。”荣格说，“卫礼贤的工作，给我们带来了中国文化的基因，给我们带来了一种足以从根本上改变我们世界观的中国文化基因”。这是荣格对于卫礼贤工作的理解，也是荣格对于中国文化的向往。在荣格看来，卫礼贤似乎是被欧洲的精神或灵魂所选择，让他给西方带来中国的《易经》，带来东方的新希望。荣格在其纪念卫礼贤的文章中说，“这是卫礼贤自认为所全力投入的一种文化使命，

---

① Wilhelm R，Jung C. G.，*The Secret of the Golden Flowers*：*A Chinese Book of Life*. Baynes F. C. （Trans.）. Orlando，Florida：Harcourt Brace & Company，1962，pp. 139 - 151.

他认识到，对于满足我们灵魂的需求，东方可以说是一个宝贵的源泉。”①

荣格深深地敬佩卫礼贤的“汉学”，以及他对中国哲学，对于中国文化的深刻理解。荣格说：“我甚至不能用‘影响’一词描述中国文化和中国思想与卫礼贤的关系，因为实际上，卫礼贤是被中国文化所征服了，被同化了”。在其自传《梦·回忆·思考》的附录中，荣格曾这样来描述他对于卫礼贤的印象：“我见到卫礼贤时，他不仅在写作和说话上，连举止看上去都完全像个中国人。东方的观点和古代的中国文化，已经一步步地深入到他的内心深处。”② 面对这样一位汉学家，面对这样一位汉学家所代表的深远的中国文化，荣格将其作为自己终生的良师益友，也作为自己心理学的深远背景。

卫礼贤之墓

在卫礼贤去世前的几天，荣格做了一个梦：在我的床前，站立着一位身穿蓝色外衣的中国人，双手合十，对我深鞠一躬，好像是希望给我一个消息。那也是卫礼贤所希望继续给予荣格的“中国消息”。1930 年，当卫礼贤逝世之后，荣格专门撰写了悼词。其中，荣格这样叙述他与卫礼贤的

① Wilhelm R.，Jung C. G.，*The Secret of the Golden Flowers*：*A Chinese Book of Life*. Baynes F. C.（Trans.）. Orlando，Florida：Harcourt Brace & Company，1962，pp. 139－151.

② 荣格：《回忆·梦·思考》，602～603 页。

缘分：尽管一位是汉学家，一位是医生；一位精通中国文化，一位根本从未到过中国，也不识汉语；……那么是什么使得他们成为终生的朋友呢？荣格说，“但是我们相遇在人和人性的领域，它超越了学术的界限，而那正是我们接触的地点，碰撞的火花启迪了我，那是我一生中最有意义的事件”①。荣格认为，卫礼贤通过自己的工作，在东方文化和西方文化之间架起了一座桥梁，使得中国几千年的古老文化，能够得以在现代的欧洲传播发扬。荣格说，卫礼贤一旦接触到了“中国心灵”的秘密，他也就在其中为我们发现了一份珍贵的礼物。因此，在这种意义上，荣格将自己称作卫礼贤的学生，实际上也是中国文化的学生。通过卫礼贤，荣格接触并接受了中国文化的影响、中国文化的熏陶和培养。

卫礼贤故居

2006年9月19日，国际分析心理学会前任主席默瑞·斯坦、秘书长乔·凯布雷等一行7人，前往青岛访问卫礼贤的故居。

---

① Wilhelm R., Jung C. G., *The Secret of the Golden Flowers: A Chinese Book of Life*. Baynes F. C. (Trans.). Orlando, Florida: Harcourt Brace & Company, 1962, pp. 139-151.

第三章　分析心理学的基本理论

1912年荣格《里比多转化的象征》的出版，既导致了他与弗洛伊德的分裂，也意味着其分析心理学体系的开始，因为其中已经出现了其“集体无意识”理论的端倪，及其“分析心理学”的最初设想。更为重要的是，此书本身包含了荣格的内在心迹，或无意识生命的酝酿与表现。有了集体无意识也就有了一个独立发展的基础，在此之外，荣格分析心理学中最重要的内容还包括其原型和原型意象的理论、关于情结和词语联想的研究、人格类型学说和自性化发展等思想。

一、集体无意识

集体无意识（collective unconscious）既是荣格对弗洛伊德个体潜意识（personal unconscious）的发展，也是他自己的一种创造。荣格用它来表示人类心灵中所包含的共同的精神遗传。或者说，集体无意识中包含着人类进化过程中整个精神性的遗传，注入在我们每个人的内心深处。

荣格在给集体无意识下定义的时候，曾经这样说：“集体无意识是精神的一部分，它与个人无意识截然不同，因为它的存在不像后者那样可以归结为个人的经验，因此不能为个人所获得。构成个人无意识的主要是一些我们曾经意识到，但以后由于遗忘或压抑而从意识中消失的内容；集体无意识的内容从来就没有出现在意识之中，因此也就从未为个人所获得过，它们的存在完全得自遗传。个人无意识主要是由各种情结构成的，集体无意识的内容则主要是原型。”①

荣格在其自传中说，他关于集体无意识的思想，得自1909年与弗洛伊德一起访美归来的途中所做的一个梦。荣格曾这样陈述他的梦：

---

①　荣格：《集体无意识的概念》，见冯川编译：《荣格文集》，83页，北京，改革出版社，1997。

（在梦中）我身处一所我不认识的两层楼的屋子里。但它是“我的房子”。我发现自己是在楼上，有点像是客厅的感觉，里面有做工精致的老式家具，墙上悬挂着一些古老的珍贵名画。我奇怪这陌生的房屋怎么会是我的家。不过我想：“还不错。”于是我更想知道一楼是怎样的，便沿着楼梯走到了楼下。在这里，一切东西都显得更加古老，我意识到房子的这一部分大概可以追溯到15或16世纪。家具陈设似乎是中世纪式的，地面铺的是红砖。这里的光线不足，显得阴暗一些。我从一个房间走到另一个房间，心里想：“唔，我实在得探究一下这整座屋子。”我走到一道厚重的门前，用力打开了它。在门的那边，我发现了一道通向地下室的石砌台阶。于是我就走了下去，结果发现自己处在一个有拱顶的美丽的房间之内，而这房间则显得极为古老。在仔细察看四周时，我发现在普通的大石块上砌有一层层的砖，而且在灰浆里也有砖头的碎块。我一看到这个，便知道这面墙壁可以追溯到古罗马时代。于是我的兴趣便高涨起来。我更加仔细地观察着地板，发现它是用石片铺成的，在这些石片内我发现有一个环。当我拉动这个环的时候，石片便抬了起来，我再次看到了一道窄窄的石砌台阶，通往地下更深处。我沿着这些台阶走了下去，最后便走进了一个在岩石里凿成的低矮的洞穴。石洞的地面上盖有一层厚厚的灰土，灰土中散布着一些骨头和陶片，像是一种原始文化的遗物似的。我看到两个人的头盖骨，显然也是很古老的，都有些要裂开了。这时，我便醒了。①

在往返美国访问的途中，荣格与弗洛伊德曾几次相互分析各自的梦。当荣格向弗洛伊德讲述这个梦的时候，弗洛伊德尤其关注那两个死人的头盖骨，以及透过这梦中的头盖骨，荣格是否具有某种希望某人永远死去的联想。但对于荣格来说，这个梦中的房子即是一种精神大厦的象征：比如，楼上的客厅，显然就是意识或意识层面，而阴暗的楼下，可以说是无意识的第一层。当荣格自己分析这个梦的时候，他激动地说：“（在梦中）我越深入，景象便变得越生疏和越黑暗。在那个洞穴里，我发现的是一种原始文化的残存物，亦即我身上的原始人的那个世界，这个世界是意识所

---

① Jung C. G., *Memories, Dreams and Reflections*. New York: Vintage Books, 1965, pp. 158－160.

几乎无法接近和照亮的。人的原始性精神近乎动物灵魂的生命，恰如史前时代的洞穴在为人所占有之前通常是由野兽所占据的一样。”①

于是，荣格有了这样一个梦，也就有了他的集体无意识的原型，当他的这一思想不断地被其临床实践所证实的时候，他也就逐渐地形成了关于集体无意识的理论。

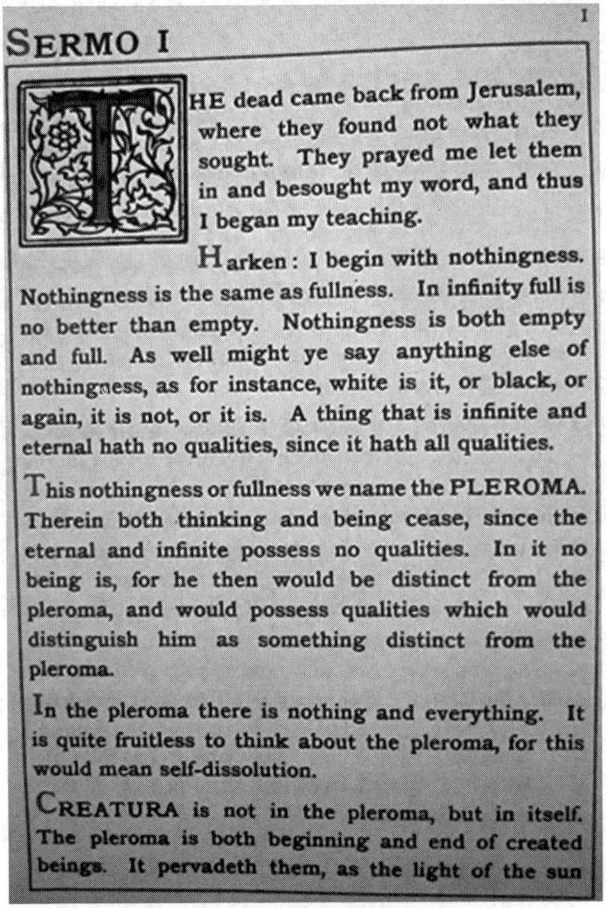
I

SERMO I

THE dead came back from Jerusalem, where they found not what they sought. They prayed me let them in and besought my word, and thus I began my teaching.

Harken: I begin with nothingness. Nothingness is the same as fullness. In infinity full is no better than empty. Nothingness is both empty and full. As well might ye say anything else of nothingness, as for instance, white is it, or black, or again, it is not, or it is. A thing that is infinite and eternal hath no qualities, since it hath all qualities.

This nothingness or fullness we name the PLEROMA. Therein both thinking and being cease, since the eternal and infinite possess no qualities. In it no being is, for he then would be distinct from the pleroma, and would possess qualities which would distinguish him as something distinct from the pleroma.

In the pleroma there is nothing and everything. It is quite fruitless to think about the pleroma, for this would mean self-dissolution.

CREATURA is not in the pleroma, but in itself. The pleroma is both beginning and end of created beings. It pervadeth them, as the light of the sun

《向死者的七次布道》的第一页

这是荣格《向死者的七次布道》的第一页，写作于1916年，收录在他的传记《回忆·梦·思考》的附录中。

① Jung C. G. , *Memories*, *Dreams and Reflections*. New York: Vintage Books, 1965, pp. 158–160.

荣格的《向死者的七次布道》，也是他自己无意识体验的记录。对此荣格曾有这样的介绍：

> 1916年，我感觉到了要给某种东西赋予具体表现的冲动。这一内心冲动迫使我去详细阐述并表达，比如说，“斐乐蒙”所可能要说的话。这就产生出了《对死者的七次布道》及其中所使用的怪癖的语言。①

荣格1920年画作

这是对其1914年1月22日的一个梦境的描述，根据荣格自己的分析，这是在与集体无意识的碰撞中，触发了对即将爆发的世界大战的预知。

二、炼金术思想

“炼金术”的思想在荣格的分析心理学体系中具有极其重要的意义和作用。根据荣格自己的陈述，发生在1926年的一个梦，成为他开始炼金术研究的起点。

① 荣格：《回忆·梦·思考》，322页。

梦中所呈现的是战时的意大利，荣格正坐在一个矮个子农民赶着的马车里从前线回来。炮弹在其周围爆炸，弹片呼啸；荣格说他自己知道必须尽快赶路，因为此地情况十分危险。在梦中，荣格与赶马车的农民通过了一道桥，穿过一条带有战争痕迹的隧道，然后所看到的是一片阳光灿烂的美景和田园风光。最后，他们到了一座富丽堂皇的庄园，就像罗浮宫一样。

就在他们到达这庭院的中央处即那宫殿的大门口时，出乎意料的某种事情发生了。荣格在其自传中说：

> 只听见沉闷的“砰”的一声，这庭院的两道门忽地关上了。那农民从马车上跳下来喊道：“好啊，我们现在可被关在17世纪了。”我无可奈何地想到：“唔，确是这样！不过该怎么办呢？从现在起，我们可得被关上好几年。”这时候，一种安抚性的想法又涌上了心头：“总有一天，从现在起再过几年，我总会再次走出去的。”①

做了这个梦之后，荣格曾翻阅了大量的有关世界历史、宗教史和哲学史的著作，企图找到对这个梦解释的线索，但是最终一无所获。“直到过了很长时间之后，我才认识到，它指的是炼丹术。”荣格这样说。但是，“只是读了《金花的秘密》的文本之后，对炼丹术的本质我才开始逐渐了解，而这篇中国炼丹术的样本则是理查德·维尔海姆于1928年寄给我的。我被一种欲望鼓励着，迫切想进一步知道更多的有关炼丹术的文本。我委托了一个慕尼黑的书商，要是有什么炼丹术的书到了他手里，便立刻通知我。不久之后，我收到了这些书的第一本，《炼丹术卷二》(1593)，这是一本包容广泛的拉丁文炼丹术论文集，其中有几篇堪称炼丹术的‘经典之作’。”②

实际上，获得真正的理解，以及认真地研究炼金术，是荣格遇到玛丽-路易斯·冯·弗朗兹的时候，那是1934年的春天，刚开始其大学生活的冯·弗朗兹也正是由于一个与炼金术有关的梦，把她带向了荣格。冯·弗朗兹为荣格翻译了大量的拉丁语和希腊语的炼金术文献，使得荣格对于自己许多年前的梦（1926）有了新的认识和理解：被关在了与世隔绝的17世纪，也意味着完全不受外界支配的炼金术世界。

荣格把他自己对炼丹术的研究看做与歌德固有的一种内在联系。荣格认为，歌德的秘密在于他处于被一种原型性变化过程所支配的状况，而这

---

①② 荣格：《回忆·梦·思考》，343、345～346页。

《金花的秘密：关于生命的中国书》，卫礼贤与荣格合著

一过程，千百年来一直在发生着。他认为他的《浮士德》是一种“重要工作”或“神圣工作”。他把它称之为他的“主要事业”，而他整个一生的行动，都是在这出戏剧的范围之内进行的。因此，在他身上活跃着的便是一种具有生命力的本质，是一种超人的过程，是原型世界的伟大之梦。

荣格说：“我自己也落入了这同样的梦的把握之中，因此从 11 岁时起，我便不得不开始从事一种是我的‘主要工作’的独一无二的事业。我的生命被一种观念的一个目标所浸润并通过它们而得以维系在一起：这就是渗透进人格的秘密。一切都可以根据这个中心点而得到解释，而我的所有著作所述说的也就是这个主题。"①

赫耳墨斯与小狄奥尼索斯，普拉克西特列斯作于公元前 330 年左右

"炼金术"的西方渊源，可以追溯到古希腊传说中的赫耳墨斯（Hermes Trismegistos）和酒神狄奥尼索斯（Dionysus）。西文"炼金术"的字义源自赫耳墨斯的名字，他是众神的信使，商业与贸易的开端，名字中包含着"转化"与"转换"的意义。在希腊的奥林匹亚考古博物馆，收藏着普拉克西特列斯作于公元前 330 年左右的一尊雕像，表现的是赫耳墨斯带着幼小的狄奥尼索斯到山野精灵那里去做客而在途中歇息的情景。雕像中赫耳墨斯的手臂已断，据说本来他正拿着葡萄逗弄小酒神。葡萄酒的酿造便

① 荣格：《回忆·梦·思考》，349 页。

包含着最初的“生化”反应；而饮酒后的精神状态，则更是提醒人们某种特殊心理转化的可能。而狄奥尼索斯本人，便是这种原型意义的一种象征。

荣格在其分析心理学基础上所研究的“炼金术”，主要以 15—16 世纪的西方“炼金术文献”为主，其代表人物是巴拉塞尔苏斯（P. A. Paracelsus），他也是西方化学的主要奠基者。

巴拉塞尔苏斯（P. A. Paracelsus，1493—1541）

1941 年，在瑞士的艾因希登（Einsiedeln），荣格发表了关于纪念巴拉塞尔苏斯的报告：“巴拉塞尔苏斯所表示的心灵现象”，阐述了其对于心理学尤其是心理分析的意义与影响。荣格说：“正如巴拉塞尔苏斯在他的时代是一位伟大的医疗先驱，而今天他则是关于疾病和生活本质观念变革的一种象征。”① 但是，从本质的意义上说，荣格对于“炼金术”的理解，尤其是其心理分析意义的发挥，与中国道家内丹思想有着深切的渊源。他曾与卫礼贤合著《金花的秘密》，其中包含对《太乙金华宗旨》和《慧命经》的翻译，以及荣格从其心理分析的角度所做的评论。那是1928年，荣格对于炼金术的热情重新被唤醒，但此时吸引荣格的“炼金术”，已经主要是中国道家的内丹思想，他从中发现了其自性的原型意义及其启示和印证。

这几幅表现道家的“炼丹图”出现在荣格与卫礼贤合著的《金花的秘密》中，但我们国内收藏的《太乙金华宗旨》的几个主要版本中均无此图。有可能是卫礼贤翻译的时候，从《性命圭旨》中选用的。

炼丹之第一阶段：集光

① Jung C. G., *The Collected Works of C. G. Jung*: Vol. 15, New York: Pantheon Books, 1966, pp. 16－17.

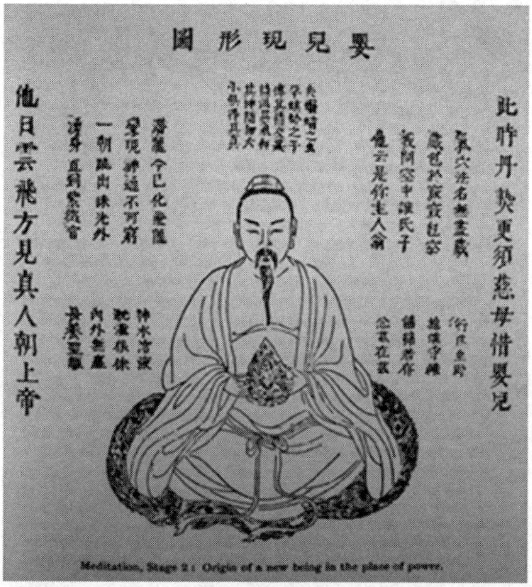

炼丹之第二阶段：力量源泉所孕育的新的生命

炼丹之第三阶段：法身作为独立的存在

炼丹之第四阶段：缘中

炼金术工作

实际上，荣格的炼金术思想，经过其自身的转化，体现在他身体力行的生活中。根据芭芭拉·汉娜的回忆，她第一次到波林根去看荣格的时候是这样的情景：“那天天气很冷，荣格正在他原先的那间圆形厨房里做饭。他穿着一件长长的、东方式样的长袍，在寒冷的天气里，他常常穿着它。看上去他像我见过的一张画，上面画着一个老炼金术士正在他的那些瓶瓶罐罐当中工作着……我好像回到了中世纪，灯光和火光形成了一个小小的光环……”

1936年，当荣格全身心投入其炼金术研究的时候，曾在波林根发现了一条死去的蛇，一条死了的鱼伸出蛇的嘴外。后来，荣格便把这一“图像”刻在了波林根。对于荣格来说，这蛇代表了异教徒的灵魂，它正如此凶猛地显现，正试图吃掉鱼所代表的基督教的灵魂。对于荣格来说，炼金术的研究的意义，也正在于从这两种对立物中，促发一种新的调和意象的出现。

波林根的雕像：蛇与鱼

三、原型的理论

荣格的原型（archetype）概念与其集体无意识关系十分密切。正如他曾明确表达的那样，个人潜意识主要是由各种情结构成的，而集体无意识的内容则主要是原型。荣格说："原型是人类原始经验的集结，它们（荣格往往把原型作为复数）像命运一样伴随着我们每一个人，其影响可以在我们每个人的生活中被感觉到。"①

荣格认为，集体无意识通过某种形式的继承或进化而来，是由原型这种先存的形式所构成的。原型赋予某些心理内容以其独特的形式。同时，荣格还提出，主要由原型所构成的集体无意识，具有一种与所有的地方和所有的个人皆符合的大体相似的内容和行为方式。由于集体无意识具有这样一种普遍的表现方式，因此它就组成了一种超个人的心理基础，普遍地存在于我们每个人身上，并且会在意识以及无意识的层次上，影响着我们每个人的心理与行为。在这种原型心理学的意义上，荣格认为，历史中所有重要的观念，不管是宗教的，还是科学的、哲学的或伦理的观念，都必然能够回溯到一种或几种原型。这些观念的现代形式，只是其原型观念的不同表现，是人们有意识或无意识地把原型观念应用到了生活现实的结果。②

荣格所使用的原型概念，就其西方思想的起源来说，在柏拉图所论述的"形式"中，已经表现出了这种原型观念的痕迹。列维-布留尔在其《原始思维》中使用"集体表象"时，更是接近了荣格所描述的作为集体无意识的心理原型。根据列维-布留尔的描述，"集体表象"在某一集体（该集体可以是一种文化，或一个民族）中世代相传和继承，并且在该集体的每个成员身上都会留下深刻的烙印；同时，根据不同的情况或作用方式，"集体表象"还能够引起该集体中每个成员对有关的表象和象征物产生尊敬、恐惧、崇拜等感情。③ 实际上，斯宾格勒在其《西方的没落》中，也提出并使用了类似的观念。他用其生命图像，向历史和文化注入了一种

---

① Jung C. G., *Archetypes and the Collective Unconscious*. Princeton: Princeton University Press, 1977, p. 30.

② See Jung C. G., The Structure of the Psyche. In: *The Collected Works of C. G. Jung*, Vol. 8. Princeton: Princeton University, 1977, p. 342.

③ 参见列维-布留尔：《原始思维》，北京，商务印书馆，1986。

心理化的自我和人格的色彩，并且认为，每一种文化都有其独特的观念，有其生活的愿望和情感，并且也都会有其象征性的表现和表现方式。① 某一文化中独特观念的象征性图像，便具有一种心理原型的意义和作用，因为这种图像在该文化的历史中反复出现，对该文化中的所有成员都会产生思想与观念上的影响。

荣格所画的曼荼罗

根据荣格自己的解释，核心的白光是来自太空的闪烁。第一圈象征的是原形质的生命种子；第二圈的四种基本颜色，表达着宇宙的基本原则；第三圈和第四圈所表达的是内在与外在的创造力。最外层的四个圆圈所表达的，是重新分为光明与黑暗的男性和女性灵魂。

① 参见斯宾格勒：《西方的没落》，导言，北京，商务印书馆，1995。

记得在美国旧金山的一次主题为荣格的原型的专业研讨会上，许多参加者，尽管其本身都是资深的心理分析师，但提问与讨论之中，仍然表现出对原型带有许多疑虑。当时的我想到了老子的智慧。既然荣格试图通过原型这一概念来描述某种人类心灵深处的事实，那么，对于这种存在的事实，老子也会有所洞察的。

老子说："视之不见，名曰夷；听之不闻，名曰希；搏之不得，名曰微。此三者不可致诘，故混而为一。其上不皦，其下不昧。绳绳兮不可名，复归于无物。是谓无状之状，无物之象，是谓惚恍。迎之不见其首，随之不见其后。

执古之道，以御今之有。能知古始，是谓道纪。"（《老子》第十四章）

远古人类所留下的最早的岩画之一，绘制的是包含着曼荼罗意象的"太阳轮"。旧石器时代，南非德兰士瓦省

讲课的是一位备受尊重的资深心理分析家，在大家热烈讨论而未能获得对原型理解的时候，听到老子的这些阐述，她本人以及所有参与研讨会

的学生，都表现出了特别的欣喜与感激。荣格曾一再强调，原型从其本质上说完全属于无意识的存在，我们是无从认识它本身的；但是原型却可以通过原型意象来表现其无意识的意义。尽管“道可道非常道”，但是“道之为物，惟恍惟惚。惚兮恍兮，其中有象；恍兮惚兮，其中有物。窈兮冥兮，其中有精；其精甚真，其中有信”。老子说：“自今及古，其名不去，以阅众甫。吾何以知众甫之状哉？以此。”（《老子》第二十一章）

四、原型的意象

荣格用原型意象（archetypal images）来描述原型将自身呈现给意识的形式。但是荣格也一直努力区分原型与原型意象的不同。原型本身是无意识的，我们的意识无从认识它；但是可以通过原型意象，来理解原型的存在及其意义。于是，我们可以把原型意象看做原型的象征性表现。通过其表现以及表现的象征，我们就可以认识原型。比如，出生、结婚、死亡与分离等等，在其象征的意义上来说，都再现着某种原型的存在。

荣格说，无意识内容一旦被觉察，它便以意象的象征形式呈现给意识。在其对“精神与生命”的论述中，荣格还表达过这样的思想，只有具有意象性并因此而可描述，一种心理实在才可能成为意识内容，即能够被描述。在这种意义上，荣格曾高度赞扬中国文化，赞扬太极图与汉字，称其为“可读的原型”。

中国太极图

诺伊曼在其名著《大母神》中，对于原型以及原型意象，有着出色的阐述与解析。在诺伊曼看来，源自无意识的象征性意象，是人类精神在其全部表现中的创造性源泉。不仅意识及其对世界进行哲学理解的概念起源于象征，而且宗教、仪式和崇拜、艺术和习俗等等，也都起源于象征。由于无意识的象征形成过程是人类精神的源泉，所以语言，其历史几乎与人类意识的发生发展同步，也永远开始于某种象征性。在荣格分析心理学的观点来看，一种原型内容，首先和最重要的是在意象中表现其自身。

就这种原型意象的临床意义来说，诺伊曼的思想仍然具有启发性。象征的物质成分使意识处于激活状态，意识受到象征的激发而把兴趣指向象征，并力求去理解它。这就是说，象征，除了其作为“能量转换者”的动力学作用之外，也是“意识塑造者”，它迫使心理去同化（吸收）象征中所包含着的一种或多种无意识内容。同时，由于原型以及原型意象总是具有其集体无意识的渊源，因而，一旦将这些理论运用在实际的临床心理分析过程中，实际上就是在利用集体无意识、原型以及原型意象本身所包含的治愈的功能与作用。在这种意义上，意象、象征与想象，也就成为荣格心理分析中最重要的方法与特色。

荣格曾根据自己的分析与体验，以及自己的临床观察与验证，提出了阿尼玛、阿尼姆斯、智慧老人、内在儿童、阴影和自性等诸多分析心理学意义上的原型意象。这些原型意象存在于我们每个人的内心深处，在意识以及无意识的水平上影响着我们每个人的心理与行为。

（一）阿尼玛

阿尼玛（anima）是荣格用来形容男人内在的女性存在的原型意象。她既是男人内在的一种原型女性形象，也是男人对于女人的个人情结。当我们关注她的时候，她就会有成长与发展；当我们忽视她的时候，她就会通过投射等机制，来影响我们的心理与行为。因为男人内在的这种原型意象，既可以成为男人向上的促动者，也可以成为堕落的诱惑者。

实际上，荣格曾把阿尼玛描述为一种灵魂形象，往往在男人的心情、反应、冲动以及任何自发的心理生活中扮演着特殊的角色，发挥某种既定的作用。男人总是倾向于在某个现实的女性对象那里，看到自己内在的阿尼玛和心灵的投影。

任何带有无意识的心理内容，总是会在梦中出现的。阿尼玛也是这样。荣格曾经描述了阿尼玛发展的四个阶段，不同的阶段有着不同的形象：夏娃—海伦—玛丽亚—索菲亚。作为夏娃的阿尼玛，往往表现为男人的母亲情结；海伦则更多地表现为性爱对象；玛丽亚表现的是爱恋中的神性；索菲亚则像缪斯那样属于男人内在的创造源泉。

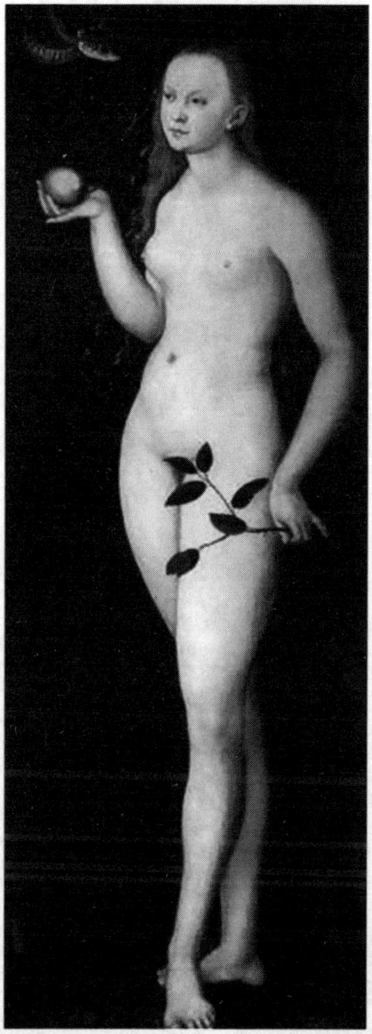

卢卡斯（Lucas Cranach）油画《“伊甸园”中的夏娃》

莫诺（Moreau）的画作《特洛伊城墙上的海伦》（Helen on the Walls of Troy，1895）

圣母玛丽亚

索菲亚

索菲亚留给我们的意象便是创造的智慧。在《圣经·旧约》的"箴言"中，有一段关于智慧即索菲亚的话："上主在造化之初，在亘古，他先造我。在太初，大地形成之前，我就被造。"(《圣经·旧约·箴言 8：22－23》) 在《圣经后典》的"所罗门智训"中，对索菲亚有许多赞美："智慧闪烁着明亮的光辉，永不暗淡"，"智慧之灵是圣洁的并且具有理性。她只有一种本质，但却有多种表现形式。她并不是由任何具体物质构成的，因而是畅行无阻的，清洁的，自信的，她不可能受伤"。"智慧具有非凡的活力，她是如此的纯洁，以至她能透入一切之中。她是上帝之能的一口气——一股来自全能者的纯洁而闪光的荣耀之流。任何污秽之物皆无法溜进智慧之门。她是无限光明的一个映像，是上帝之活动与善性的一面完美无缺的镜子"，"世世代代以来，她进入圣徒的灵魂，使其成为上帝的朋友和先知……"(《圣经后典·所罗门智训》，1996：110－113)《圣经后典》中还指出了索菲亚的作用："使你致富者莫过于智慧，她作用于一切……有用者莫过于智慧，她塑造一切存在之物……所有美德皆是智慧的杰作：正义与勇敢、克制与知识……智慧通晓过去预知未来。她懂得如何翻译人们的话语以及如何处理问题。她知道上帝将要行使的奇迹，以及历史运动将要如何地发展。”（《圣经后典·所罗门智训》，1996：114）

赛尔西是典型的阿尼玛形象

我们也可以从很多文学作品看到或感受到荣格所形容的阿尼玛的形象。除了海伦之外，荷马史诗《奥德赛》中的赛尔西（Circe）也是典型的阿尼玛形象。皮耶·贝诺瓦（Pierre Benoit）的小说《亚特兰提》（L’Atlantide）中的安提妮（Antinea），也是荣格曾用来形容阿尼玛的典型例子。

（二）阿尼姆斯

阿尼姆斯（animus）是与阿尼玛相对应的一个概念，象征着女人内在的男性成分。同阿尼玛一样，他既是原型的意象，也是女人的情结。被其阿尼姆斯所占据的女人，则会失去很多女性的色彩。但是能够辨析与关注其阿尼姆斯存在的女性，则能够从这原型意象中获得积极的力量。

同阿尼玛一样，荣格也曾描述女人内在的阿尼姆斯的发展阶段：赫尔克里斯—亚历山大—阿波罗—赫耳墨斯。女人的阿尼姆斯出现在梦中的时候，最初往往表现为某种大力士或运动员的形象；然后会出现计划与行动，以及独立自主的形象；接着会有类似“教授”或“牧师”等指导意义的形象；然后是充满灵感与创造的形象。

年轻的女性，其阿尼姆斯可能会以对老年人或父亲的迷恋而呈现；成熟的女性，其对象可能是运动健将。

阿尼姆斯会表现在女性对其丈夫或其他男性形象的扭曲的感觉上，也可能引致顽固的想法，无可妥协的非理性意见，而导致激烈的争执。

当女性体会到了自己与阿尼姆斯的真实关系时，它就不再造成困惑，而成为理智、沉着、平静和平衡之源。

赫尔克里斯的选择（The Choice of Heracles，Carracci，Annibale）

亚历山大王

帕玛（Palma Giovane）所画的阿波罗

在此画作中，阿波罗似乎综合了智慧与本能以及年轻与成熟；他不像小爱神那样淘气，但同样具有那种爱神的灵气。

古希腊的赫耳墨斯雕像

（三）阴影

荣格用阴影（shadow）来描述我们自己内心深处隐藏的或无意识的心理层面。阴影的组成或是由于意识自我的压抑，或是意识自我从未认识到的部分，但大多是让我们的意识自我觉得蒙羞或难堪的内容。这些让我们自己不满意而存在于我们自己无意识中的人格特点，往往会被我们投射到其他的人身上。

荣格在《红皮书》中所作的绘画："内在心理过程中所接触到的阴影。"

荣格告诉我们，人不是由于想象光明的形象而觉悟的，而是通过使黑暗成为意识。

《爱的阴影》，桑迪（Anthony Frederick Sandys，1829—1904）所作

从心理分析的意义上来说，阴影并不完全只是消极的存在，意识到阴影存在本身，已经具有某种积极的意义。阴影中包含着许多本能的内容及其能量，原始与幼稚的心理特点，以及阴暗之中的玄妙。觉察自己的阴影，乃至达到某种心理的整合，也是心理分析过程中重要的工作目标。

（四）人格面具

从分析心理学的意义上来说，人格面具（persona）实际上也就是我们所说的“我”，我们所表现给别人看到的我们自己。“persona”一词源于演员所戴的面具，用来表示他所扮演的角色，以及与他人的不同；但是，所扮演的角色并非真正意义上的演员本人，或者说，我们的人格面具，并非就是我们真实本来的自己。

人格面具与阴影是相互对应的原型意象。我们倾向于掩藏我们的阴影，同时也倾向于修饰与装扮我们的人格面具。从心理分析的意义上来说，当我们把自己认同于某种美好的人格面具的时候，我们的阴影也就愈加阴暗。两者的不协调与冲突，将带来许多心理上的问题与障碍。

三星堆出土的面具

古埃及面具

古代面具

（五）智慧老人

荣格用智慧老人（wise old man）来形容我们内在所具有的有关意义

与智慧的原型意象。男性阿尼玛发展最高阶段的索非亚形象，以及女性阿尼姆斯发展最高阶段的赫耳墨斯形象，都在不同程度上具有这种“智慧老人”的意义。

荣格的“斐乐蒙”也就是荣格自己内在的智慧老人。他可以出现在荣格的梦中，也可以通过积极想象来与荣格直接沟通。荣格曾说，他的所有重要的分析心理学思想，都与他的“斐乐蒙”有着不解的渊源。

实际上，所有的原型意象，都会以不同的形式出现在我们的梦中，也可能以其他象征的形式出现在我们的现实生活中。我们可以通过梦的分析来了解我们的原型意象，也可以通过积极想象来与他们相互沟通。

荣格《红皮书》154页的插图，将此斐乐蒙意象称为“花园的主人”

泉州老子像，成于宋代

《泉州府志》记载："石像天成，好事者为略施雕琢。"在荣格的心目中，老子是智慧老人的典型象征。

五、情结的含义

情结（complex）概念在荣格分析心理学的理论中具有十分重要的地位。1904—1911年，荣格通过其词语联想的研究，提出了他关于情结的心理学理论。他发现其词语联想测验中的情结指标（complex-indicators），不仅仅提供了心理世界中无意识层面的直接证据，而且提供了有关无意识的潜在内容及其所具备的情感能量。于是，荣格据此"挑战"弗洛伊德。弗洛伊德说"梦是通往潜意识的忠实道路"；荣格则表示"情结是通往无意识的忠实道路"。在荣格正式定名其"分析心理学"之前，曾用"情结心理学"来标示他的理论体系及其与弗洛伊德精神分析的区别。

在荣格看来，情结是一种心象与意念的集合，其中具有一个源自原型的核心，并且具有某种特别的情绪基调。情结基本上是属于一种"自主性"或"自治性"的存在，它可以与我们的整体心理系统保持联系，但也会分裂、脱离甚至是独立。于是，情结的出现与消失，有着它自身的规律，往往不受我们意识的支配，甚至能够支配我们的意识自我。情结在无意识中形成与积累，当它逐渐膨胀到一定程度的时候，就有机会发作而表现为我们人格与自我的"替代主角"。

一旦情结被触发而产生其作用，不管人们是否意识到，情结总能对人们的心理和行为产生极具感情强度的影响，甚至是“主导性”的作用；强烈的爱或恨，快乐或伤心，感激或愤怒等情绪，总是会伴随着情结的触及而发作；而这个时候，我们往往已经不能再理智地表现本来的自己，而是完全被情结所占据与控制。在这种意义上，情结类似于一种心理本能，触发后就按照它自身的固有规律来自动行事。于是，受某种情结所困的人，往往也就会表现出由那情结所支配的心理与行为。

从临床的意义上来分析，情结多属于心灵分裂的产物；创伤性的经验、情感困扰或道德冲突等等，都会导致某种情结的形成。于是，若一个人认同自己的情结，那么往往也就会表现出某种特定的心理病症。弗洛伊德的俄底浦斯情结（Oedipus complex）和阿德勒的自卑情结（inferiority complex）等，都是十分著名的例证。弗洛伊德在其著名的《日常生活心理病理学》中所描述的口误、笔误、忘记熟人的姓名等日常生活现象，都可看做情结的表现与作用。但弗洛伊德开始所使用的术语是思想圈（circles of thought），1907 年与荣格交流后改用情结。许多荣格学者还以此为例来论述荣格对弗洛伊德的影响。

让-奥古斯特·多米尼克·安格尔（Jean-Auguste Dominique Ingres）名作：
《俄狄浦斯在回答斯芬克斯的谜语》（Oedipus solving the riddles of the Sphinx，1808）

荣格曾有这样一句名言：今天人们似乎都知道人是有情结的，但是很少有人知道，情结也会拥有我们。这一点具有十分重要的理论与临床意义。我们拥有情结是正常的，我们每个人都会有自己的情结，这就要求我们学会观照与协调我们的情结。但是，当情结拥有我们的时候，就是心理病症的开始与表现。

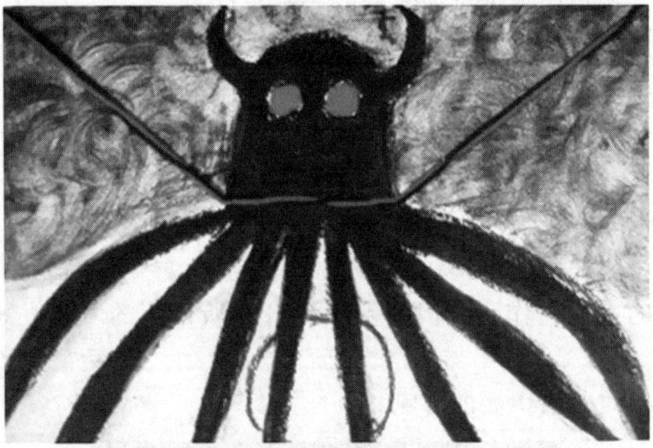

这是荣格一位 30 岁的女病人作的画，表现了一种消极的母亲情结

在这幅画中，黑色的蜘蛛所反映的正是病人消极的母亲情结，而象征病人自我意识的圆形亮色，被蜘蛛网住，遮掩了其光明，控制了其行动。

但是，就心理分析来说，其目的不是要让病人消除或根除其情结，而是通过觉察与理解，通过理解情结在自己心理与行为中所起的作用，它的触发与表现，来降低情结的消极影响。从理论上来说，只要我们不能察觉与认识我们的情结，我们就会在不同的程度上受情结的控制与摆布。而一旦我们认识与理解了情结的存在及其意义，情结也就失去了影响与控制我们的能量。尽管它们不会消失，但逐渐地会减少其消极的影响。这好比被忽视的孩子总是要通过哭闹来吸引大人的关注一样，若大人能够照顾好自己的孩子，那么他就会变得安静，就不再需要通过大哭大闹的形式来表现他自己的存在。

六、人格的类型

荣格的人格类型理论是在 1921 年前后提出的，他所使用的概念多为

"心理类型"（psychological types）。在荣格分析心理学的意义上，人格（personality）被看做心灵（psyche）在外在世界的表现。

在荣格的人格类型理论中，有两种基本的心理态度：内倾（introversion）与外倾（extraversion）以及四种心理功能：思维（thinking）、感知（sensation）、直觉（intuition）和感觉（feeling）。

两种基本的心理态度，内倾与外倾，也是我们每个人适应生活的基本心理模式，前者其能量与兴趣朝向内在的世界，后者其能量与兴趣朝向外在的世界。正如家里有两个孩子，其中一个总是喜欢在外面玩耍，而另一个则总是喜欢在屋里玩耍，内倾与外倾并没有任何必然的好与坏的评价。外倾型的人具有向外发展的主导性驱动力，而内倾型的人具有这种向内心深处发展的驱动力；但是，任何一种倾向发展到极端或不协调的时候，则往往会成为心理冲突或成为心理情结的来源。于是，就荣格人格类型的临床意义而言，我们每个人都需要在自己的心理发展过程中，来平衡或重新整合这种内在能量或内在驱动力。

内倾与外倾的背后，是生命力（与弗洛伊德的"里比多"有某种渊源）的发展与表现，因而，也就有了四种基本的心理功能。我们可以把直觉与感知看做接受信息的认知性功能，把思维与感觉看做处理信息的判断性功能。直觉功能接近洞察力，能够从宏观上把握所面对的情境与事物；感知功能表现为善于捕获细节，接受实在的多种信息。思维功能所反映的是分析与逻辑的判断力；感觉功能则表现为设身处地的能力，并具有感性判断的特点。简单来说，作为感知型的人格功能，告诉我们事物的存在；思维型的人格功能告诉我们存在的是什么；感觉型的功能告诉我们存在的价值，而直觉型的功能告诉我们存在事物的变化及多种可能。

当两种基本的心理态度与四种基本的心理功能相互搭配时，比如内倾的思维型或外倾的思维型，内倾的感觉型或外倾的感觉型等，于是就有了八种基本的人格类型。一般来说，内倾感知型的人善于发挥自己的身体与感官能力，基于自己的内在感官而表现于外在世界；外倾感知型的人则倾向于更多注重客观观察，将其大部分的精力都贡献在对外在世界的探索上。内倾思维型的人倾向于从自己的内在标准或观点，来开始其"问题解决"的过程；而外倾思维型的人，则总是倾向于在其所关注的周围生活中寻找意义，他们更多地相信外在的事物是由逻辑与理性所决定的，而非情绪与情感。内倾感觉型的人倾向于用其内在的标准来判断他人与事物；外倾感觉型的人则往往与社会或传统文化的价值观保持一致。内倾直觉型的人往往善于发挥内在世界的智慧；外倾直觉型的人对问题多具远见，富有想象力。

荣格的人格类型理论，以及任何好的人格类型理论，都能够帮助我们了解他人是如何看世界的。在现实的生活中，不同的人对同样的问题往往会有完全不同的看法，那么为什么会这样呢？其中是否有某种规律呢？一种好的人格与人格类型理论，便能够提供肯定的回答。这也是帮助我们认识自己、理解他人、理解我们的人性与心理学。

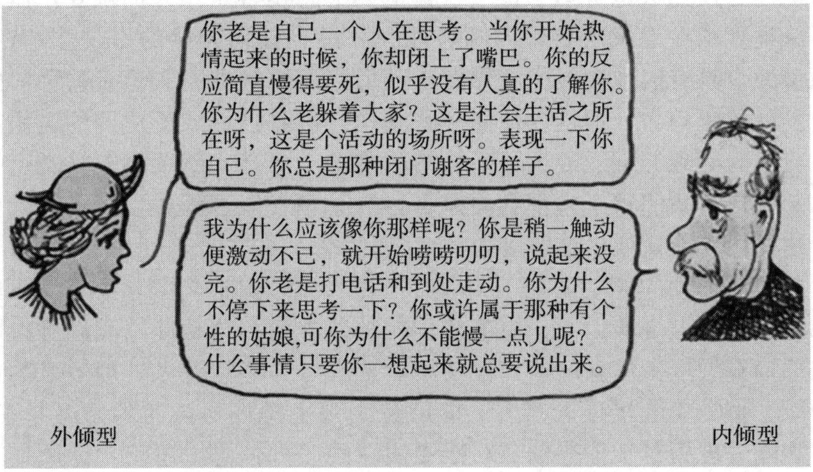

人格类型

我们每个人都会有自己的优势人格类型，或称之为主导性的心理态度与功能，大多反映在我们人格的意识层面。比如，当我们说一个人是外倾—思维型的时候，那么他的外倾型心理态度与思维型的心理功能就是他的优势。而同时，内倾的心理态度与感觉型的心理功能也就会成为他的弱势。就荣格人格类型理论的临床应用而言，意识层面的弱势，或在意识层面没有得到充分发展，甚至是没有受到重视的心理态度与功能，往往也就会在梦中出现与表现，作为一种无意识的补偿。而作为心理分析的一种目标，则是让我们能够在保持我们优势人格功能的前提下，来发展我们的弱势人格功能，从而达到一种完整的人格发展。

哈里·威尔默在其《可理解的荣格》一书中，插入了这样的情节。两位搭乘飞机的人在对话，谈论的内容是荣格的人格类型。只听见其中的一位说：“我希望飞机驾驶员是思维型的人，不要凭感觉在雾中着陆，不过我倒希望飞机乘务员是情感型的人。”①

按照荣格的理论，当我们的四种功能处于平衡与和谐状态的时候，当我们的优势人格与辅助人格和弱势人格等相互补充的时候，我们就和自性发生了联系，从而有了真正的人格的核心。

七、自性化过程

自性化（individuation）或自性化过程，是荣格分析心理学中的特别术语，也是其核心性的概念。你若是问荣格心理分析家们一个问题，心理分析的目的到底是什么，那么得到的最多的答案，恐怕就是自性化了。

荣格用自性化这一概念，所要表达的是这样一种过程：一个人最终成为他自己，成为一种整合性的、不可分割的、但又不同于他人的发展过程。安德鲁·塞缪斯（Andrew Samuels）在其《荣格心理分析评论词典》中，在比较了自性化与自性（self）、意识自我（ego）和原型（archetype）以及意识性（consciousness）和潜意识（unconscious）等概念的关系与整合意义之后说：“自性化过程是围绕以自性为人格核心的一种整合过程。换句话说，使一个人能够意识到他或她在哪些方面具有独特性，同时又是一个普普通通的男女。”②

从荣格1921年出版的《心理类型》一书中，我们可以看到其最初对于自性化定义的表达。其基本的特征是：（1）自性化过程的目的，是人格的完善与发展；（2）自性化接受和包含与集体的关系，也即它不是在一种孤立状态发生的；（3）自性化包含着与社会规范的某种程度的对立，社会规范并不具有绝对的有效性。

塞缪斯曾在评介自性化的时候，揭示出其另外一个层面的意义，或人们所崇尚的自性化的阴影：“深入到内在世界及其奇异的意象，会产生趋于自恋的危险。需要考虑的另一种危险是，伴随着自性化过程将会出现各种各样的表现，包括反社会的行为，甚至是某种精神性的崩溃。由于移情在心理分析中具有十分重要的作用，因而，采用炼金术的术语，我们需要补充的是，自性化是一种逆行运动。”③

荣格在许多不同的背景中对自性化现象的描述，都与他个人的体验有

---

① 哈里·威尔默：《可理解的荣格》，93页，上海，东方出版社，1998。

②③ Samuels A. A., *Critical Dictionary of Jungian Analysis*. London and New York: Routledge, 1997, pp. 76–79.

着密切的关系，包括他对炼金术以及炼金术者心理状态的研究，尤其是他自己的“曼荼罗”体验。对于荣格来说，“曼荼罗”就是自性的显现，“曼荼罗”也包含着自性化的发展。因此，荣格分析心理学中的自性化或自性化过程，也就带上了某种宗教性的色彩。荣格在一次回答提问时曾这样说：“自性化是一种神性的生活，正如曼荼罗心理学清楚地表现的那样。”①

国内有些学者，把荣格的自性化（individuation），望文生义地翻译为“个体化”。这是有悖荣格的本义的。荣格说，“我使用‘自性化’这一概念，是要表示这样一种过程，在其中，一个人变得‘不可分割’，也即成为一个独立的不可分的整合，或‘整体’”。在荣格后期的著作中，他自己也提到区分整合与自性化时所存在的某种困难，荣格说：“我一再注意到，自性化过程容易和自我的意识化相混淆，并随之把自我认作自性，从而使问题更加复杂。这样自性化就仅仅是自我中心和自发的性欲（auto-eroticism，可参考‘自恋’，narcissism）……自性化并不与世隔绝，而是聚世界于己身。”于是，自性化的思想是在强调和突出某种独特性，而不是强调集体性的考虑和责任。但是，自性化又确实意味着更好并且更加全面地实现集体特性。或者用荣格自己的话说，“自性化的目标主要表现在两个方面，其一，为自性剥去人格面具的虚伪外表；另一方面，消除原始意象的暗示性影响”。②

从临床心理分析或方法论的角度来说，自性化并不是由分析师所引起的，分析师不能将自性化给予病人，也不能要求病人自性化的出现。一位好的心理分析师所能做的，仅仅是创造一种能够促进自性化过程的环境，并且以其所能表现的耐心和同情在旁守望。在荣格分析心理学的理论中，自性化被看做一种源自无意识自然发生的过程。作为心理分析师，并不能任意干涉，尤其是不能用自己的意识来妄加干涉，不管是促进还是阻碍。

然而，整个心理分析的过程，包括以一种开放性的态度来对待病人潜意识的表现，包括认识与理解梦和原型意象的象征性意义，以及认识与理解自己的阴影，沟通自己的阿尼玛和阿尼姆斯等等，都是与自性化过程密切相关的实际工作。在这种意义上，心理分析师仍然是积极与主动的。

冯·弗朗兹曾在荣格主编的《人及其象征》（1964）中撰写了“自性

①② Jung C. G.，*The Collected Works of C. G. Jung*：Vol. 18，9. Princeton：Princeton University Press，1977，p. 1624，p. 432.

化过程”一章。在这篇荣格分析心理学关于自性化过程的经典文献中，冯·弗朗兹用《庄子·人间世》中有关石木匠和栎社树的故事来描绘“自性化”的意境与象征：

匠石之齐，至于曲辕，见栎社树。其大蔽数千牛，絜之百围，其高临山十仞而后有枝，其可以为舟者旁十数……

石木匠开始以为这是不可用的“散木”，但夜间梦到栎社树对他诉说了自己但求“无用”与大用，顺应自然保全天年的道理。于是匠石终于理解了栎社树：“彼亦直寄焉！以为不知己者诟厉也……且也彼其所保与众异，而以义喻之，不亦远乎！”

《大树》，西乎（Seghers，Hercules，1638）所作

在讲述了庄子的故事之后，冯·弗朗兹说：“显然木匠理解了他的梦。他明白了完成自己的使命正是人类最伟大的成就，当面对无意识心灵需要的时候，必须放弃我们固有的功利观念。如果把这个寓言翻译成心理学的

语言，这栎社树便象征了自性化的过程，教训了我们目光短浅的意识自我。”①

“栎社树”象征了自性与自性化的发展，同时也象征了自性与自性化的自然自足，包含着生命中所承载的命运与使命的完成与结合。这是心理分析的追求，包含着心理整合的意义与完整性的实践。

① 冯·弗朗兹：《自性化过程》，见 Jung C. G.，*Man and his Symbols*. New York：Aldus Books，1964，p. 165。

第四章　分析心理学的主要方法

在我们的理解中，弗洛伊德的贡献不仅仅在于他对人类潜意识的发现，更为重要的是，在临床的实践意义上，是他提供了发现潜意识的方法。在这种双重的意义上，人们给予其《梦的解析》以改变历史的殊荣。荣格也是如此，他提出的集体无意识和原型等理论固然重要，但是其词语联想和积极想象等方法和技术具有同样重要的意义。在塔维斯托克诊所的讲演中，荣格曾向听众提出问题：如何才能接近无意识或发挥无意识的治愈作用？接着他自己十分自信地说，有三种方法：词语联想、梦的分析和积极想象。这也是荣格一向介绍的分析心理学方法与技术的主要内容。

一、对于心理分析方法的理解

心理分析方法与技术的运用，具有其特殊的专业特点，其作用的有效发挥总是需要满足一些基本的条件。除了作为心理分析师本身的素质条件之外，最重要的在于对无意识、象征性和感应性的把握与理解。

（一）无意识水平的工作

无意识是心理分析的核心概念，也是心理分析工作的重要氛围，其本身也具有心理分析方法与技术的内涵。我们把“无意识”（unconscious）作为一个开放性的概念，它既包括弗洛伊德的个体潜意识（personal unconscious)、荣格的集体无意识（collective unconscious)、弗洛姆的社会潜意识（social unconscious）和汉德森的文化无意识（cultural unconscious),也透示着某种东方的“道”、“太极”和“禅”的意境。对无意识的理解之所以重要，是因为做好心理分析的最基本的条件之一，就是要求在“无意识水平”上来进行工作。

通过弗洛伊德与荣格，我们已经有了对无意识理解的机会，个体潜意识与集体无意识也可以成为互补性的概念。不管是弗洛伊德所强调的压抑与检查机制下的潜意识特性，还是荣格所注重的原型、意象的集体无意识内容，都具有十分重要的方法论的意义。比如，就弗洛伊德精神分析之“三大方法”而言，自由联想、梦的解析、移情与暗示，都与其个体潜意识观念有着必然的联系。自由联想包含着受压抑的潜意识的运作，梦的解析中最重要的是要识破潜意识试图通过检查机制的化装，而移情与暗示则是要化解由于受压抑而导致的潜意识中“里比多”的固着。同样，就荣格分析心理学的三大方法而言，词语联想、梦的意象象征分析和积极想象，都与无意识尤其是集体无意识观念密切相关。词语联想所涉及的情结主要是无意识的内容，荣格梦的分析以其原型意象和象征性为基础，积极想象更是充分地体现了与无意识的沟通以及集体无意识意义的反映。

心理分析所注重的无意识水平的工作，首先需要对无意识有一种容纳与接受的态度。这也要求培养一种更加敏感和更为开放的心胸，倾听自己内心深处的表达，让无意识自发地涌现。同时，也要求有一种更加积极的意识准备和更加成熟的心态，来面对和承受来自无意识的内容。因为在无意识中，有远古的智慧，也有被压抑的内容；有对意识与自我的充实，也会有对意识与自我的挑战。

因此无意识水平上的心理分析，意味着在无意识和意识自我之间搭建起一种更为本质、更加确定的关系。就许多心理分析的方法与技术的使用而言，诸如自由联想、积极想象、梦的分析、移情与反移情以及沙盘游戏和音乐治疗等，实际上都是为了帮助被分析者接近无意识，接触与感受无意识的真实和潜力。其中不但包含着真正的治愈的因素与力量，而且包含着本性自我与自性化发展的条件与机会。

在这种意义上，我们可以把心理分析之无意识的具体意义，纳入老子道的哲学思想之中，或者是把老子深远的思想，作为心理分析之无意识水平工作的指导。《老子》第一章说：“道可道非常道，名可名非常名。无名天地之始，有名万物之母。故常无欲以观其妙；常有欲以观其徼。此两者同出而异名，同谓之玄。玄之又玄，众妙之门。”这众妙之门，也是心理分析之门，也是意识与无意识玄妙结合之门。

（二）象征性的分析原理

荣格曾用一种简明的形式来定义象征，认为当一个字或形象超出了一般和其直接的含义时，便有了某种象征性或象征的意义。而所有的象征也都具有深远的无意识的特征。或者说，象征正是无意识的语言或其表达方式。于是，在无意识水平上工作的心理分析，在很大的程度上也是在分析象征所包含的意义，也即象征所包含的无意识的消息。

不仅仅是一个字或一个形象，任何事物都具有象征性，都能呈现出象征性的意义，包括任何事件。而从所面对的事物或发生的事件中感受与领会其象征性的意义，是从事心理分析的基本功，也是一种根本的心理学的努力。看似一个车轮，不管是出现在梦中还是沙盘上，除了其现实的车轮的功能及作用之外，还具有深远的宗教与神圣的象征性意义。称其为神圣的象征意义，本身已超越了意识与理性的范畴，深入到集体无意识的层面。因此，在心理分析的工作中，对于这种象征性的理解以及对于所象征内容的感受与体验，都是非常重要的工作与努力。

实际上，许多精神与心理的病症本身便具有象征性的意义，有经验的临床医生对此都会有所体察。比如，面临不堪忍受的生活僵局的时候，病人可能会出现吞咽阻碍的症状，吃任何东西都显得困难，于是这症状本身也是在用象征性的语言表达他已经不能再接受或承受任何东西了。同样，面对重大的心理压力，也可能产生气喘的病症，但这病症所表达的，也正是他已经不能正常喘气了；或产生的是腿部关节炎的病症，那么其象征性的表达，则是形象地在说明，他已经不堪重负，不能正常行走了。于是，病人的病症，正是在运用这种象征性的语言，来陈述其背后病因的存在及其作用。

《易经》是充满象征意义的宝贵资源。荣格也曾把“太极图”作为“可读的原型”，十分注重其中所包含的象征性的意义和作用。正所谓“易者象也”。《易经·系辞上》中说，“圣人有以见天下之赜，而拟诸其形容，象其物宜，是故谓之象”。而“拟之在心，象之在画”。学者们多认同《易经》之初先有象而后有卦，设卦也本为观象，其中本为心会。

李光地在其《周易折中》中曾有案评说，孔子传《大象》之意，便是要读者感悟伏羲立象之初衷。如《乾》之纯阳六爻，其中包含着至诚无息，天行健之象，而君子也应有自强不息之精神。《坤》之纯阴六爻，其中彰显着大地至厚无所不载之意，而君子也应有厚德载物的效法。于是，天地山泽雷风水火不仅仅有其自然的属性，也有人文的精神，更有心地的本质。

（三）感应性的转化机制

心理分析的关键在于感应。有感应就会有转化，就会有心理分析治愈与发展的效果。荣格曾在其对于《易经》研究的基础上，阐述了一种“共时性原则”（synchronicity），用以表达那些超越了因果关系而同时发生的充满意义的巧合事件，而在这种“共时性现象”的背后，便蕴涵着感应与转化的心理机制。

我把“感应”作为中国文化心理学的第一原理，并且曾将其与西方心理学之“刺激—反应”原理作比较，突出“感”、“应”中心性的内涵。同样，感应也是心理分析过程中最重要的工作原理。借用中国文化原型，我也把感应性的转化机制，在实际的心理分析过程中体现为如下的实践：命名与启蒙（naming and initiating），驯化与滋养（tmaing and nurturing），时机与转化（timing and transforming）。实际上，感应影响或决定着麦斯麦之催眠术的治疗效果，或者说是其中治愈的关键。同样，感应也是弗洛伊德自由联想以及荣格积极想象方法背后的重要机制。在整个心理分析的过程中，感应是方法中的方法，治疗中的治愈，转化与发展中的关键。

《易经·咸卦》开“下经”之首，与乾坤合为“天地人”之象征。《易经·咸·彖》中说：“‘咸’，感也。柔上而刚下，二气感應以相与……天地感而万物化生，圣人感人心而天下和平。观其所感，则天地万物之情可见矣。”观其卦象，咸卦以艮兑相配，所表达的是山泽气息相通，万物皆互相感应之道理；但象中亦有情，艮为少男，兑为少女，男女相感之纯真至情，亦见于此咸之卦象之中。综观咸卦六爻，初阴四阳，二阴五阳，三阳六阴，皆含阳感而阴应，阴感而阳应之象。“感”中有心，咸取其无心而感之深意，包含着意识与无意识之心理分析的根本。“應”中亦有心，且寓意“雁鸟”之深情。

《易经·中孚》之九二爻辞：“鸣鹤在阴，其子和之。我有好爵，吾与尔靡之。”包含着诚孚以至感应的道理。中孚之九二，阳刚充实，象征诚孚之志，孚则能生感应与感通。《诗经》中有云：“鹤鸣于九皋，声闻于天下。”也是同样的意象。故《易经·系辞》中有：“是以君子将有为也，将有行也，问焉而以言，其受命也如响，无有远近幽深，遂知来物，非天下之至精，其孰能与于此。”接着，《系辞》中还明确地阐释其中的感应心法：“易无思也，无为也，寂然不动，感而遂通天下之故，非天下之至神，其孰能与于此。”受命如响之天下至精，感而遂通之天下之至神，也就留给我们这深怀感应的精神。以此精神而极深研几，故能不疾而速，不行而至，体现一种真正的心理分析的境界。

二、荣格与词语联想方法

词语联想（word association）看起来是十分简明的方法，几乎不包含任何神秘或深奥的色彩。让被试按照一种简单的规则，对一些特定的刺激性词语做出自己的联想与反应。在荣格之前，高尔顿和冯特等人，在其心理学的研究中都曾使用了形式极为类似的词语联想法。

尽管荣格并非第一个使用这种词语联想技术的人，但是，他却是第一个利用词语联想的技术来研究反应障碍的心理学家。在种种反应差异的背后，尤其是被试反应障碍的背后，到底是什么因素在起着作用？觉察到这样的问题，以及努力去寻求问题的答案，使得荣格有机会把词语联想方法作为一种研究心理疾病根源或病源的临床技术。

通过词语联想技术及其临床应用，荣格发现了情结的存在及其作用，尤其是与情结有关的无意识事实。芭芭拉·汉娜在其《荣格的生活与工作》中评论说："（词语联想法的使用）致使荣格认识到了情结的存在，并且在没有弗洛伊德影响的条件下，独立地发现了无意识的存在。"① 这当然是富有感情色彩的称赞。但是，1909 年荣格被邀请去美国参加克拉克大学的校庆，则正是由于他对于词语联想研究与应用所做出的贡献。人们多以为荣格那次去美国是由于弗洛伊德的缘故。实际上荣格是独立被邀请的，被邀请的理由主要就是他的词语联想研究。

荣格自己曾在塔维斯托克诊所介绍其心理分析方法的时候，重点阐述其词语联想的技术及应用。根据他当时讲演的内容，我们整理出以下对其词语联想法的介绍：

> 词语联想的工具，是一份写有 100 个词的一张纸。测试的指导语，只是让被试听到刺激词之后，尽可能快地做出由此刺激词所联想到的反应，也即一个或几个联想反应词。当确信被试懂得这个词语联想的意思之后，就可以开始正式的测验。用一只秒表就可以记录下被试对每一个刺激词反应所需要的时间。

这确实是十分简明的测验方法，尽管进一步的分析需要依据更多的反应指标。在被试的反应时之外，被试反应回答词的词义及其联想、反应回

① 芭芭拉·汉娜：《荣格的生活与工作》，92 页。

答的错误或口误以及被试对刺激词反应时的面部表情及有关的非言语线索等，都可以作为深入分析的情结指标。

荣格自己曾这样来阐述其词语联想技术的使用。荣格说，这个实验最初并未考虑到它目前的运用，而是专门用来研究心理联想的……但是，当专门用来研究心理联想的实验失败的时候，当被试回答出错的时候，你却能学到别的东西。你问一个连孩子都能回答的普通单词，而一个智力正常的成年人却不能回答。这是为什么呢？荣格说："因为那个单词击中了我称之为情结的东西，这情结是一种经常隐匿的，以特定的情调或痛苦的情调为特征的心理内容的集合物。这个单词有如一枚炮弹，能够穿透厚厚的人格伪装层而打进暗层之中。例如，当你说'购买'、'钱'这类单词的时候，那些具有金钱情结（money complex）的人就会被击中。"①

荣格在其塔维斯托克诊所的讲演中，介绍了自己使用词语联想测验的几个临床个案。其中有一个是这样的。

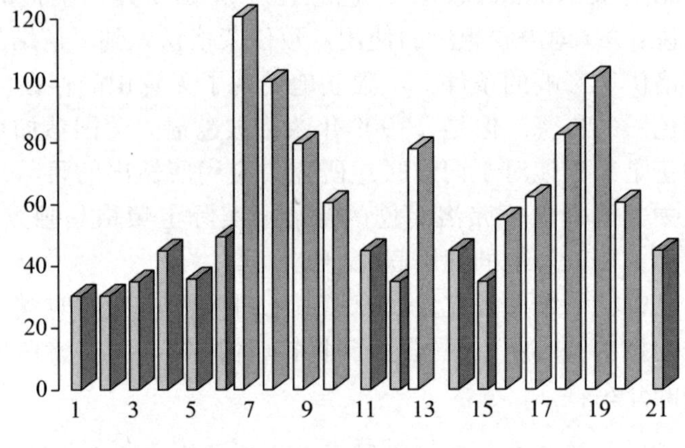

荣格所介绍的病人对词语联想测验的反应记录

在这个词语联想测验的图标中，柱子的高度表示被试的实际反应时间。竖柱中的50为平均反应时间。50以下的深色柱表示没有干扰迹象的反应。而高出"平均反应时间"的浅色柱则表示有干扰以及干扰的强度。在对刺激词7、8、9、10的反应中，是连续的一串干扰，而对于刺激词7（刀）的反应则更为关键。对于刺激词13（矛）的反应是一个孤立的干扰。

① 芭芭拉·汉娜：《荣格的生活与工作》，92页。

但接着在对刺激词16～20的反应中，又出现了一串连续的干扰，其中反应最为强烈的是对刺激词18（尖）和19（瓶子）。

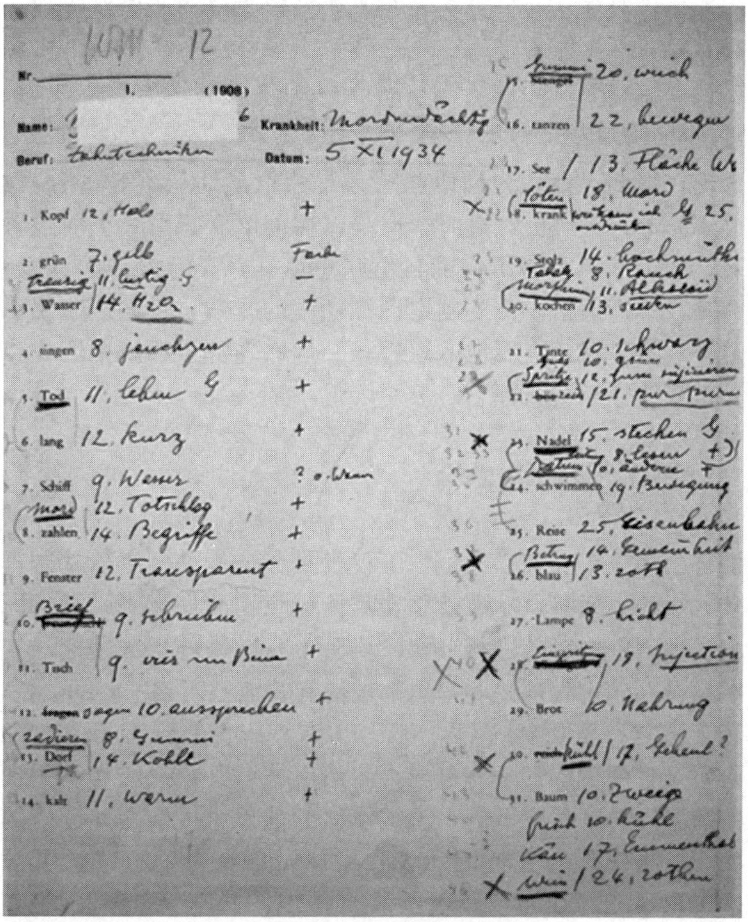
Nr. 1. (1908)
Name: 6 Krankheit:
Beruf: Zahntechniker Datum: 5 XI 1934

1. Kopf 12. Hals +
2. grün 7. gelb Farbe
3. Wasser 14. H_2O +
4. singen 8. jauchzen +
5. Tod 11. leben G +
6. lang 12. kurz +
7. Schiff 9. Wasser
8. zahlen 14. Begriffe +
9. Fenster 12. Transparent +
10. Brief 9. schreiben +
11. Tisch
12. sagen 10. aussprechen +
13. Dorf 14. Kohle +
14. kalt 11. warm +
15. 20. weich
16. tanzen 22. bewegen
17. See 13. Fläche
18. krank
19. Stolz 14. Hochmut
20. kochen 13. sieden
21. Tinte 10. schwarz
22.
23. Nadel 15. stechen G
24. schwimmen 19. Bewegung
25. Reise 25. Eisenbahn
26. blau 13. rot
27. Lampe 8. licht
28. 19. Injection
29. Brot 10. Nahrung
30.
31. Baum 10. Zweig

荣格关于“词语联想测验”的记录

荣格说这个被试是一位大约35岁的男子，是一位正常被试而不是病人。荣格在其讲演中，具体地描述了他对于该被试词语联想结果的分析：

开始的单词是“刀”，它引起4个干扰反应。接下来的干扰是“矛”（或枪），其后是“打”，再后是“尖锐的”，最后是“瓶子”。这只是连续50个刺激词中的少许几个，但足够我用来使被试把事情和盘托出。我说：“我不知道你曾有过如此不愉快的经历。”他盯着我说：

“我不懂你在谈些什么。”我说：“你明白。你曾因为喝醉酒，有过一桩用刀伤人的不愉快纠葛。”他说：“你是怎么知道的?”随后便讲述了整个事情的经过。他出身于受人尊敬的单纯而正派的家庭，有一次因为喝醉酒与人发生争执，用刀刺伤了对方，结果被判刑一年。这是一件他不想提起的重大秘密，因为这会给他的生活罩上阴影。但是，这情结就在其词语联想的测验中表现了出来。①

尽管现在很多人都认为词语联想只是荣格早期从事心理分析的方法，认为它过于简单，甚至已经过时，但是，在词语联想形式下所包含的方法论的意义，却仍然像弗洛伊德的自由联想那样，具有潜在的深意和价值。荣格在为其苏黎世荣格研究院制定训练章程的时候，将词语联想作为重点课程以及必考的科目，自有他的道理。一旦你理解了那简单形式背后的意义，那么也就能够继续发挥它有效的作用。

三、梦的分析与工作

荣格自己的分析心理学理论，不仅仅是其分析梦的必然基础，而且也是其释梦方法的主要特点。那就是在集体无意识的框架中，在对原型以及原型意象的理解中来对梦进行分析。实际上，荣格的情结理论、人格类型理论，以及自性化过程理论等，也都被他有效地运用到了梦的分析中。

尽管荣格与弗洛伊德一样，都是以梦为其心理分析的主要内容，但是，两人对于梦的理解却颇有差异。弗洛伊德以其个人潜意识的理论为基础，认为梦主要是一种隐匿的，不被承认的欲望（主要是性欲）的歪曲性表现。由于这种欲望与我们的意识自我相抵触，为了不被意识自我所识别，为了表现自己的存在，梦就乔装打扮以图逃避意识自我的“检查”。于是，弗洛伊德的释梦，就是要剥去梦的伪装，抛弃你的意识偏见并自由地发挥你的联想，从显梦中获得隐梦的真正意义。

但是，在荣格看来，弗洛伊德这样做的结果，所探寻与发现的只是情结。对于荣格来说，若是为了探寻与发现情结而分析梦的话，就太浪费梦的价值了；何况通过他的词语联想法，能够更加简明与准确地获得发现情结的效果。因此，对于荣格来说，他在释梦工作中所要探求的，是无意识

① 荣格：《分析心理学的理论与实践》，50～52页，北京，三联书店，1991。

对于情结做了些什么，是梦背后更加深远的集体无意识以及原型和原型意象的渊源和意义。

梦根本不需要伪装，梦是一种自然而然的心理现象。梦没有伪装，也没有说谎，也没有歪曲与掩饰，它们总是在尽力表达其意义，只是它们所表达的意义不被我们的意识自我认识和理解。

荣格曾这样写道：

> 这一新的想法是我分析心理学发展中的转折点。这意味着我逐渐放弃了那种顺着自由联想，越来越远离梦本身的做法。我选择了关注于梦本身，而不是由梦引发的自由联想。我相信梦所表达的正是无意识想要说的某种特别的内容。

荣格接着说：

> “对梦态度的转变包含了一种释梦方法的转变，新的释梦技术可以囊括梦所有宽广的层面。”于是，原型意象及其象征，也就成为这一新的释梦技术的重要内容。

荣格曾用过这样一个个案来阐述他的梦的分析方法与技术。病人是一位男性，梦到一个醉醺醺、披头散发的泼妇。梦中的这位女人似乎是他自己的妻子，尽管与现实中他的妻子完全不同。荣格说，从表面上看，这个梦完全失实。梦者也认为是很荒唐的一个梦。若是让他开始自由联想，那么他肯定会愈加偏离梦的不愉快的一面，并且以其情结而告终。那样，尽管我们能够找到病人的情结，但却无法了解这梦的特殊意义。

对此，荣格解释说梦中的“失实的妻子”，正是他的内在原型意象阿尼玛，也就是其内在的女性形象。而这个内在的女性不仅仅没有得到良好的发展，而且有了堕落的表现，这也就是病人问题的根本所在。无意识通过梦境，表达了这么一种十分重要的信息和意义。

无意识通过梦和我们说话与沟通，但用的是一种象征性的“语言”和方式。因而，荣格的释梦方法，在强调象征的同时，充分地运用了其原型和原型意象的理论，发挥神话、宗教以及童话寓言的意义和作用，这都是荣格梦的分析方法的特点，也是荣格所说的梦的分析中“扩充”(amplification)的根据与基础。

原型意象和象征性在荣格梦的分析的方法中具有十分重要的作用，但是荣格也曾留下这样的教诲。他说:“我常常告诫我的学生，尽可能多地学习象征性的理论，而当你分析一个梦的时候，就要把它们全部忘记。”[①] 荣格自己一生中分析了他自己以及病人的 8 万多个梦，可见其专业的积累与对梦的执著程度，也可以联想到那熟中生巧以及得心应手的道理。

弗舍里（Henry Fuseli）所画的《梦境》，弗洛伊德将这幅画挂在其接待室中

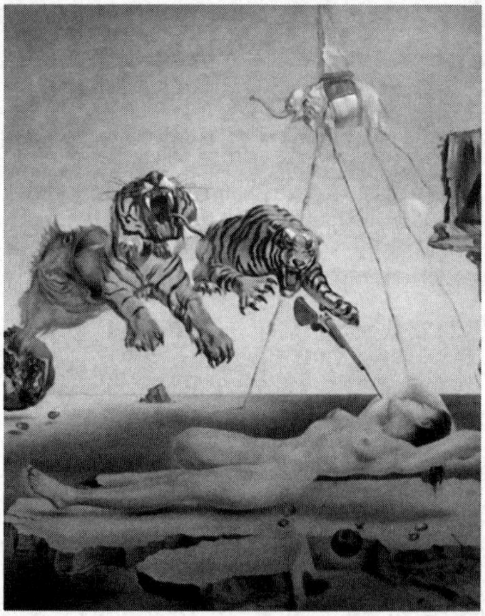

达利：《蜜蜂飞过的梦境》，被用作弗洛伊德《梦的解析》的插图

① Jung C. G. , *Man and His Symbol*, London: Aldus Books, 1964, p. 42.

就荣格及其分析心理学的梦的工作而言，联想分析、扩充分析和积极想象是三种主要的方法与技术。通过联想分析，可以获得具体的个人资料以及有关个人潜意识的内容；通过扩充分析，则可以把梦的内容放在更为广阔的集体无意识和原型及其象征的水平来进行工作；通过积极想象，则注重于梦对于梦者的直接影响，尤其是融会身心的体验与感受。

（一）联想分析法

梦的工作中的联想分析法包括两方面的联想技术，其一是自由联想，其二是直接联想。经典的精神分析家仍然是喜欢从自由联想开始对梦的分析。当病人向你陈述了一个梦境或梦的内容之后，可以使用自由联想的技术，让梦者的个人潜意识充分显现。

比如，有梦者梦到了一头母牛在吃草，那么若是从母牛开始自由联想，则可能会引发出牛奶—母亲—父亲等等，然后将自由联想所获得的所有链接内容进行分析。而一旦发挥了自由联想的作用，梦中的母牛可能就不再重要，因为那是弗洛伊德所说的“显梦”，而母亲或父亲，以及梦者与母亲或父亲的关系就特别重要，因为那是自由联想的引导，是所谓“隐梦”的内容。这仍然是基于弗洛伊德自由联想技术上的运用。

而联想分析法中的直接联想，则是吸收了荣格对于弗洛伊德自由联想技术的批评，认为自由联想有可能会导致远离或脱离梦的本源，只是引向了梦者的情结，而非梦的本意。于是，就梦中出现母牛的例子而言，直接联想法仍然可以发挥联想的作用，比如陈述或捕捉任何由母牛所联想到的词语、意念等等，但是，不是由母牛—牛奶—母亲—父亲等自由联想法逐渐远离母牛，而是让梦者把所有联想到的内容回归到母牛的意象或其象征意义进行分析的工作。因此，梦的工作的直接联想法，则更多地反映着荣格分析心理学的思想。

（二）扩充分析法

扩充分析（amplification）是荣格提出的梦的分析方法，也可看做直接联想的进一步发展，旨在将梦的内容与分析工作提升至原型与集体无意识的水平。一般来说，梦的分析中的联想分析，主要是构建梦者的个人信息与背景，受压抑的个体潜意识仍然是工作的重点；而扩充分析，则是要在深远的原型以及原型意象的水平上工作，集体无意识是工作的关键。

因此，扩充分析也就意味着在神话、历史和文化等水平上解析梦中的比喻、隐喻和象征。尽管扩充分析与自由联想并非必然有冲突，但是，在荣格心理分析家看来，进行扩充分析的时候，要促使被分析者放弃对梦中意象纯粹个人与个体的态度，让被分析者体验自己作为原型能量中的存在，而非原型的“客体”，发挥原型及其意象的治愈功能。

若是用梦中出现母牛的比喻，那么扩充分析法就不是顺着任何个人的联想进行梦的工作，而是针对母牛以及牛本身，追溯其深远的文化背景以及原型水平上所具有的象征性意义。比如，在中国文化的背景中，牛是十二生肖之一，与十二地支相配为“丑牛”；牛之吃苦耐劳，不管是耕种还是产奶，都与人的生活有着密切的关系，这些都是扩充分析所重视的内容。

（三）积极想象法

积极想象在梦的工作中的运用，除了以梦中的意象为重点，从意象中获得生动的意义之外，所注重的是梦者从梦中所获得的体验与感受，包括身体的反应以及身体的感觉，或者说是注重让梦者去体验与感受梦。

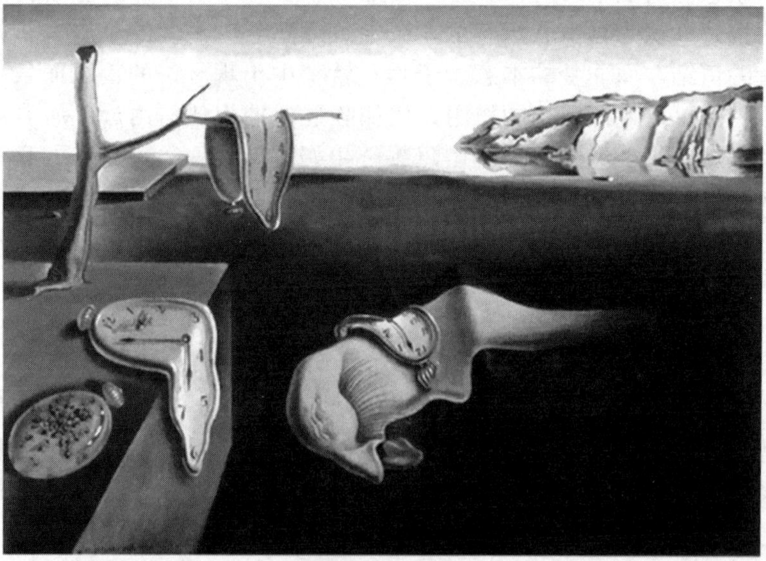

达利：《梦中的时间》

梦中的经历

比如，仍然是用梦中出现的母牛为例子，若是使用联想分析，那么可以获得从“母牛”引申出来的联想，或者是有关母牛的所有个人的联系；而用扩充分析，则可以获得母牛本身在文化与原型层面上的意义；但若是使用积极想象的话，那么，工作的内容就会集中在梦中母牛的意象及其背景和气氛上，让梦者利用积极想象去与梦中的对象直接沟通和对话，或者去感受那母牛的情感，便是梦的工作中的积极想象。

于是，让梦者去描述整个梦境，形容梦中的任何细节，比如牛的颜色、大小，甚至是牛吃草的动作与神态等等，以及顺着其中某一线索而进入无意识的气氛，让梦中的意象生动与丰富起来，让梦者在这种生动与丰富的梦的工作过程中获得治愈，都是梦的工作中积极想象法的实践意义和作用。

四、积极想象技术

在荣格看来，词语联想以及梦的分析，都还是“间接沟通”无意识的方法，而积极想象则是直接获取无意识的技术。许多荣格心理分析家都把积极想象称为“睁着眼睛做梦”。在达里尔·沙珀（Daryl Sharp）的《荣格心理学词典》中，积极想象被定义为通过自我表达的形式来吸收无意识的方法。

1915 年前后，荣格曾获得这样一个意象：他自己像是一个 10 岁左右的孩子，在客厅的地板上玩积木。那类似梦境的意象是如此的清晰与真切，使得荣格产生了这样一种理解：那梦中的孩子仍然“活着”。很自然，荣格便想到要与这梦中玩耍的孩子建立一种联系，以便进行直接的沟通。于是，荣格一方面使自己进入想象的世界，一方面开始像孩子一样玩耍，要在一种象征而真实的情景中，与活在自己内心深处的孩子进行交流。1935年左右，荣格正式使用积极想象这一术语，并且称之为“一种睁着眼睛做梦的过程”①。但这种积极想象与白日梦不同，后者多少是个人主观的发挥，总是停留在个人日常体验的水平；而积极想象与意识性的发挥正相反，由积极想象所导演的剧情，似乎是“要迫使观众的参与；一种新的情景被推出，其中潜意识内容被展现在清醒的意识状态中”②。荣格从中发现了一种超越性的机制，也即一种意识与潜意识因素之间的合作性，并且认为想象性的意象，自身具有其在心灵生活有序发展与转化中所需要的所有因素。

荣格在其塔维斯托克的讲演中，把积极想象作为他用来探索或接触无意识的主要方法之一（词语联想，梦的分析），并准备做一次专门的讲座。但是，由于时间的关系，他只是讲述了词语联想和梦的分析，最后一讲以移情为主要内容。不过，在整个系列讲座结束之前，有一位叫海菲尔德的医生向荣格提问：“积极想象是一种什么样的技术？”荣格对此做了长达12页的回答。

荣格在这次讲述他的积极想象技术的时候，首先给出一个病人的例子。病人是一位年轻的艺术家，荣格曾向他介绍积极想象的方法。但这位病人开始的时候怎么努力都无法理解荣格所说的积极想象。

后来，这位病人在火车站等车的时候，无意中端详着墙上的一幅广告画。画面上是阿尔卑斯山的伯尔尼，有色彩鲜艳的瀑布，碧绿的草地和一座山峰，山坡上有几头牛在吃草。

病人坐在那里等车，一边端详着这幅广告画，一边在心里想着自己为什么就是不懂荣格所说的积极想象。病人每次去看荣格都要在这个车站上等车。

有一天，病人在等车的时候，照旧端详着那幅画，他自言自语地说，

① Samuels A., *A Critical Dictionary of Jungian Analysis*, London and New York: Routledge, 1997, p.9; Jung C.G., *The Collected Works of C.G.Jung*: Vol.6. Princeton: Princeton University Press, 1977, p.723.

② Jung C.G., *The Collected Works of C.G.Jung*: Vol.14. Princeton: Princeton University Press, 1977, p.706.

也许我可以从这幅画开始，试试荣格所说的积极想象。比如，病人跟自己说，我想象自己在这幅画中，这画中的风景变成了我身临其境的地方，我在牛群中走向山坡，然后眺望山的另外一面的景色，我也许能看到山坡背后有些什么。

积极想象中的画面

于是，他想象自己置身于画面的风景之中。他看到了草地、小路，经过牛群向山上走去，到达山顶之后，朝山的另一面望去：那里还是草地，缓缓的山坡，不远处有一排篱笆。于是他走了过去，越过篱笆，有一条被人踩出的小道，绕着山沟和一块大岩石。他从岩石边绕过去，看到前面有一座小教堂。教堂的大门半开半掩着。他心想，最好是进去看看。于是便推开门走了进去。在缀满鲜花的祭坛上，立着一尊圣母的木雕像。他抬头端望她的面容……就在这个时候，某种有尖耳朵的东西闪了一下就消失在祭坛后面，病人像做梦一样醒来，心里嘀咕："嗨，这全是胡思乱想。"随即，他的"幻想剧场"一下子也就消失了。

火车到站了，病人乘车离开了火车站，而他心里一直还念叨着："我还是不明白积极想象是怎么回事。"就在这时，一个念头突然出现了："噫，那东西也许真的在那里，圣母像的后面也许真的有过一个尖耳朵的东西，闪了一下就不见了。"于是，病人自己对自己说，"作为试验，我不妨再从头来一遍，看看会怎么样。"于是，病人想象自己回到了车站，仍然是端详着那幅广告画。然后，他置身于那幅画面中，沿着山坡上了山。到了山顶之后，仍旧是好奇地想象着山背后有些什么。他又看到了那篱笆和缓缓的山坡。这时，他告诉自己说："嘿，不错，看来这些东西还在那里。"然后，他绕过大岩石，看到了那座教堂。他对自己说："教堂就在前面，那至少不是幻觉。一切都秩序井然。”教堂的门还是半开半掩，他犹豫了片刻对自己说，“现在，我把门推开，会看到祭坛上的圣母。然后，那个尖耳朵的东西会从圣母像后面跳下来……如果不是这样，这一切便全是幻想而已。”于是，他推门走了进去，抬头看到圣母像，刹那间，那个尖耳朵的东西像上次一样跳下去不见了。于是，这病人获得了某种让他自己信服的经验。

荣格说，从那时起，他找到了钥匙，学会了积极想象。

荣格曾用自己的童年经历，来解释积极想象的自然发生。在荣格的姑妈家里，有他爷爷的一幅像：作为主教的爷爷，配带着徽章，走出房门，站在台阶上……荣格说，他常常跪在一把椅子上凝视着这幅画像，直到觉得他走下了台阶。而他姑妈每次看到荣格在那里看得出神，总是说：“嗨，乖孩子，他不会动的，还站在那里呐。”荣格说，1935 年在塔维斯托克讲演的时候，“但我知道我看见他走了下来”。荣格接着说，你们看，就这样，那幅画像开始动了起来。同样，当我们全神贯注于头脑中的一幅图景的时候，它会开始动起来，意象会变得更加丰富，还会变化发展下去。

在这次讲座中，荣格还说，由于通过积极想象，所有的意象都产生在有意识的思维中，这些意象比起不确定的梦更加完整。这些意象也比梦有更丰富的内容。于是，积极想象意味着意象有自己独立的生命，意味着象征性事件的发展有自己的逻辑根据，意味着通过某种方式，我们可以与这些具有生命的意象进行直接的沟通。

荣格祖父的照片

对于积极想象的理解，可以有两种基本的途径，其一是从其西方心理分析技术的发展线索来进行分析。正如弗洛伊德的自由联想与催眠术中的谈疗法与宣泄法有着密切的关系，而它们又有其独到的发展一样，荣格的积极想象，与弗洛伊德的自由联想也有着内在的联系或发展性的关系。荣格自己曾把积极想象看做自由联想的直接扩展。

但是，在这种扩展中，产生了其独特的思想与创造。而这种独特思想的来源，也就构成理解积极想象的另外一个途径，也即从其与中国文化的关系入手。

荣格在与卫礼贤合著的《金花的秘密》（《太乙金华密旨》）的评论中，首次系统地阐述了关于“积极想象”的思想。而正是在这次合作中，卫礼贤为荣格开启了中国文化的大门。这是对于荣格整个分析心理学发展至关重要的事件，卫礼贤把荣格从与弗洛伊德分裂后的抑郁和孤独中拯救了出来，并且赋予其创造的机会与力量。

通过对道家内丹功法的阐释，荣格表达了这样的思想：道家的无为，是获得自身解放的关键。荣格说：“让事物自发地表现的艺术，道家为无为的教诲……成为我打开无意识大门的钥匙。我们必须要让它们在心灵深处出现。对于我们来说，这是很少有人知道的一种艺术。”而这种很少有人知道的艺术，也就演化为荣格的积极想象。荣格接着说，意识总是与心灵的发展掺和在一起，吹毛求疵，好为人师，从未让心灵在平静的环境中质朴地发展。而这也就是进行积极想象时所面临的最大困难。

接着，荣格描述了积极想象的程序与步骤：

首先，尽量客观地观察一个意象的任何细节的发展与变化。这看起来很简单，但实际上也非常困难。其困难之处便在于意识的干扰与抵触。因而，避免意识的干扰与抵触，也就成为开始积极想象的关键。

其次，赋予内在的意象以某种适当的表现形式。可以用文字来描述它们，也可以通过绘画来表达，甚至是通过诸如舞蹈形式的身体表现等。

最后，若是坚持这种积极想象的练习，直到意识不再任意控制想象与意象，直到一个人能够达到无为的境界而让事物自发地出现，那么也就获得了积极想象的目标，也就意味着获得了一种新的心理态度。这种态度能够接受与容纳非理性甚至是“不可信”的事物，因为它们本来就是如此自然出现的事物。

荣格把积极想象所获得的这种态度与转变，称为意识的升华，人格的扩展、提升与丰富或心理发展的高境界。荣格说：“一个人必须完全投入这条全新的道路，因为只有其完整的人格才能使他思深行远，也只有其人格完整才能保障他的所作所为不是荒谬可笑的冒险。”

荣格曾反复告诉他的学生，凡是他做关于“积极想象”的讲座或报告，都必然要先讲一个中国古代的故事。我们可以把这个故事称为“求雨的人”，其大致梗概是这样的：

> 故事发生在中国古代的农村，当地的居民遇到了严重的干旱，于是派人到远处的深山请人求雨。当被请的人到来之后，他发现整个村子混乱不堪，牲畜濒临渴死，农作物近于干枯，村子里的人也受这种气氛的影响，个个浮躁不安。村民们围着他，急切地要看他如何求雨。但他说，“在村头给我一间茅屋，任何人都不要打搅我。”就这样，“求雨的人”进了他的小屋，而村民们等待着。等到第三天，天果然开始下雨；“求雨的人”从那茅屋走了出来。村民们不约而同地问他：“你是如何办到的呢?”“喔，很简单，”他说，“我什么也没有做。”村民们说，“你看啊！天已经下雨了。这怎么可能呢?”于是，“求雨的人”做了这样的解释：“我来自道的故乡，那里单纯而自然；天会下雨，也会有阳光；一切都自然而和谐。当我来到你们的村子时，顿时感到混乱与不安，这里的生活节奏已经失调，而我也受其影响，心神不定。这样我又能做什么呢？于是我要有一个安静的处所来面对我的内在自我，通过沉静来调整自己。而当我恢复了自然与和谐的时候，这种自然与和谐也就会影响到我所处的环境。有了这种转变与调整，有了合乎自然的心境与状态，我们失去的雨也就回来了。”

荣格曾告诉他的学生，若是懂了这个故事的道理，也就自然理解了积极想象的奥秘。

五、“沙盘游戏”治疗

“沙盘游戏”（sandplay therapy）是由多拉·卡尔夫（Dora Maria Kalff）命名的心理治疗方法。卡尔夫是荣格的学生，曾接受荣格的夫人爱玛·荣格的心理分析，并且在瑞士荣格心理分析研究院学习 6 年左右，因而“沙盘游戏”治疗基本上属于荣格分析心理学方法的一种发展。

（一）“沙盘游戏”的定义

如何对“沙盘游戏治疗”做一个全面的定义和规范，是2003年美国西雅图国际沙盘游戏治疗大会上的一个重要议题。此后经过2年多的讨论和酝酿，在2005年意大利罗马国际沙盘游戏治疗大会上，大家一致通过了以下对沙盘游戏疗法的表述：

> 沙盘游戏治疗是一种以荣格心理学原理为基础，由多拉·卡尔夫发展创立的心理治疗方法。沙盘游戏是运用意象（积极想象）进行治疗的创造形式，“一种对身心生命能量的集中提炼”（荣格）。其特点，是在医患关系和沙盘的“自由与保护的空间”（卡尔夫）中，把沙子、水和沙具运用于意象的创建。沙盘中所表现的系列沙盘意象，营造出沙盘游戏者心灵深处意识和无意识之间的持续性对话，以及由此而激发的治愈过程和人格（及心灵与自性的）发展。

以上的中文表述，既是对沙盘游戏治疗的定义的翻译，也包含了我们自己的特殊理解。比如，强调沙盘游戏治疗的荣格分析心理学基础，意象及积极想象在沙盘游戏疗法中的重要作用，以及将沙盘游戏作为创造疗法等，都是我们与茹思·安曼（Ruth Ammann，国际沙盘游戏治疗学会主席）多次通信讨论沙盘游戏疗法定义时所特别关注的。我也参加了2003年西雅图国际沙盘游戏大会的讨论，以及2005年罗马国际沙盘游戏大会的表决。以上定义中括号内的文字和注解是我特意加上的。此外，其中作为沙盘游戏疗法基础的“荣格心理学”、意象和积极想象、身心生命能量、自由与保护的空间、意识和无意识、治疗与治愈，以及心灵与自性，同时也包括沙子、水和沙盘与沙具等，都是需要我们进一步思考与理解的重要内容。

我在讲解有关沙盘游戏疗法定义的时候，会展开阐释荣格分析心理学的基本原理，以及卡尔夫创立沙盘游戏疗法的基础，包括卡尔夫所依赖的中国文化基础，以及在这种基础上的创造性发展。卡尔夫自幼学习中文，在其成长过程中精读《易经》和道家哲学，精研周敦颐的哲学体系，并将其整合为沙盘游戏疗法的基石，以及其自性化发展的指引。

大部分心理咨询和心理治疗，都只是以语言沟通和文本叙事为主要形式。但沙盘游戏疗法则同时重视身心两个层面，重视“身体”的表达和“手”的说话。当来访者将双手放在沙盘上，或轻轻抚摸沙子，或用力将沙子堆起，或选取不同材质和形状的沙具……这都已经是在“说话”，身心同时在感受，身心同时在表达，身心的生命能量获得提炼，心灵的治愈效果由此发端。我们常用中国文化中的“体认—体会—体现—体验—体悟”来描述沙盘游戏疗法的治愈过程。得之于心，应之于手，此之谓也。

对于卡尔夫来说，沙盘游戏疗法之所以会有治愈的效果，首先在于其“自由与保护”的空间。这既是沙盘游戏的临床治疗基础，也是其中的治愈和转化的条件。

自由与保护，看似简单的描述但却寓意非凡。自由，尤其是心灵的自由，是人类的不懈追求。可以这样说，许多心理疾病，其本身则正是缺乏了心灵与思想的自由。陈寅恪之“海宁王观堂先生碑文”中说：“士之读书治学，盖将以脱心志于俗谛之桎梏，真理因得以发扬。思想而不自由，毋宁死耳。”匈牙利诗人裴多菲的《自由与爱情》也被广为传颂：“生命诚可贵，爱情价更高，若为自由故，两者皆可抛。”心灵的自由，同样是沙盘游戏疗法的要义所在。

自由并且具有保护，我们还可以加上安全，组成了沙盘游戏疗法所强调的治疗师与来访者的基本关系。这种关系随时体现为治疗的工作气氛，转化为治愈的重要元素。需要指出的是，“自由与保护的空间”需要治疗师努力去营造，能够在你的工作室，在你和来访者之间，营造出这种“自由与保护的空间”和气氛，正是心理分析师的素质和功力体现。

若是问卡尔夫这样一个问题，沙盘游戏疗法的目的是什么，沙盘游戏疗法能够治疗什么样的心理疾病，那么，卡尔夫会告诉你：沙盘游戏疗法不仅能够起到基本的心理治疗的作用，其目的是心灵的治愈，是为了“自性化”的过程。

我们已经知道，卡尔夫将其沙盘游戏疗法的奠基性著作取名为《沙盘游戏：治愈心灵的途径》，突出的是心灵。国际沙盘游戏治疗学会（ISST）的另外一个主要奠基者凯·布莱德威（Kay Bradway）的代表作用的标题是：《沙盘游戏：心灵的默默耕耘》（*Sandpla—Silent Workshop of the Psyche*），而国际沙盘游戏治疗学会的现任主席茹思·安曼的代表作：《沙盘游戏中的治愈与转化》（*Healing and Transformation in Sandplay, Creative Processes become Visible*），均突出了“心灵”（psyche）的意义。

于是，沙盘游戏治疗与心灵有关，与自性化有关。这也是我们反复强调的，心理分析和沙盘游戏体验的过程，也是我们自我探索的过程；真正的治愈因素，存在于我们每个人的内心深处；真正的治愈力量，也存在于我们每个人的内心深处。

西方心理学的源头可以回溯到古希腊特尔斐神殿的箴言："认识自己"。以此为基础，作为深度心理治疗的心理分析，可以加上对"自性"的体验，以及发挥自己的天赋与"成为自己"的自性化目标。自性化，实际上也就是成为与成就我们自己，这也是我们心灵的自由之道。

（二）"沙盘游戏"的演化

在"沙盘游戏治疗"作为一种心理分析的方法与技术形成与发展的过程中，有三位重要的人物为此倾注了他们的智慧与创造。他们分别是威尔斯、洛温菲尔德和卡尔夫。对于他们构建有关沙盘游戏背景的介绍，可以加深我们对于沙盘游戏治疗本身的理解。

1. 威尔斯与"地板游戏"

威尔斯（H. G. Wells）曾以其《时间机器》（1895）一书而成为有名的作家，同时也曾以其《世界史纲》（1920）而奠定了其思想家和学者的声誉，但是人们一般不太注意他在1911年出版的《地板游戏》。而正是此书，使"沙盘游戏治疗"开始了它的历史。

威尔斯（Herbert George Wells，1866—1946）

在《地板游戏》一书中，威尔斯描述了他和他的两个小儿子的游戏过程，尤其是他们所玩的“地板上的游戏”，用各种各样的玩具，在地板上搭建着不同的游戏内容。孩子们玩得开心而投入，表现出了令人兴奋的想象力和创造性。威尔斯在其书中曾写道：就在这块地板上，不断地涌现出数不清的富有想象力的游戏内容，它们不但使孩子们每天都在一起玩得高兴，而且还为他们以后的生活开创了一种广阔的、激励人心的思维模式。任何一个人都可以从这块幼儿游戏的地板上获得启发与力量。

威尔斯与妻子简在观望两个儿子玩地板游戏

《地板游戏》的初版（1911 年）是一种大开本的较为原始的印刷，直接使用了威尔斯自己勾画的许多图案，以及他儿子在玩地板游戏时的实际照片。就当时的情形来说，这地板游戏也具有一个容纳性的空间，地板和地毯，并且具备了装有房屋、人物、建筑建材、交通工具和各种动物模型或玩具的许多箱子。于是，一旦这地板游戏发生，也就把一个普通的“地板空间”，转化成了探险的岛屿和想象的城堡。而岛屿与城堡，也正是威尔斯在其《地板游戏》中所侧重介绍的两类游戏主题：“神奇岛屿游戏”和“城市建筑游戏”。在介绍其地板游戏的过程中，威尔斯还对游戏中所涉及的历史背景、各类城堡、发生过的战争、使用的玩具模型、游戏环境本身等许多细节作了独到的描述与分析，甚至还阐述了自己鼓励孩子们玩这些游戏的理由。

尽管威尔斯并非专业的心理学家，但是对于幼儿自发的游戏和创造性想象很感兴趣，并且付诸了大量的考察与研究。他在其独立的研究中发现，荣格的集体无意识和原型理论，能够提供对于他所感兴趣的问题研究的合理解释。而通过他自己的独立研究，也能提供许多支持荣格分析心理学理论的依据。1923 年，荣格在英国讲课的时候，威尔斯曾与荣格共进晚餐，一起分享和探讨了有关思想，彼此都留下很深的印象，获得了启发。于是，30 年后作为分析心理学学生的卡尔夫再度发现威尔斯的地板游戏的意义，本来也是有着内在的学术上的渊源的。

2. 洛温菲尔德与“游戏王国技术”

玛格里特·洛温菲尔德（Margaret Lowenfeld，1890—1973）1890 年出生于英国伦敦，自幼喜欢读威尔斯的作品，尤其是那本《地板游戏》。1928 年当洛温菲尔德建立了自己的儿童诊所，准备开始儿童心理治疗的时候，威尔斯的《地板游戏》体现出了新的意义和作用。

玛格里特·洛温菲尔德

洛温菲尔德所面对的问题是，如何与那些患有神经症的孩子们有效地沟通。她需要一种表达与沟通的中介或载体，患病的儿童既可以通过这个中介来表达，治疗者也可以由此载体来观察与诊断。于是，在《地板游戏》的启发下，洛温菲尔德在自己的诊所里放置了一些玩具和模型，随后不久，她又添置了两个可以放沙和水的托盘。1929 年的某一天，来洛温菲尔德诊所看病的孩子，被墙架上那么多的玩具与模型所吸引，自发地选择了一些玩具和模型，放在盛着水和沙的盘子里玩耍，于是，洛温菲尔德的

“沙盘游戏”就此诞生了。

儿童自发地游戏，自发地创造，同时，也自发地给予了一个名称：“游戏王国”（the world）。被父母送来“医治”的孩子在这个“游戏王国”中得到了他们所需要的东西，自然地游戏并自发地表达；洛温菲尔德也从中得到了她一直在寻找的东西，一种与前来看病的孩子们沟通的有效工具。它之所以有效，首先是孩子们喜欢。同时，它能够作为一种语言来表现孩子们的问题，起到交流与沟通的作用。孩子们就在这样有沙有水的盘子里，摆放着他们喜欢的各种玩具与模型，表现着他们的情绪与心理状态，表达着他们所遇到的问题以及应付问题的方式。于是，一种有效的儿童心理诊断与治疗工具和方法由此产生，洛温菲尔德顺着孩子们的声音，称其为“游戏王国技术”（the world technique）。

洛温菲尔德在工作

1935年，洛温菲尔德出版了自己的第一部专著：《童年游戏》（*Play in Childhood*）。洛温菲尔德认为游戏对于童年是至关重要的，涉及儿童的适应过程，与一个人的成长与发展密切相关。童年的游戏，将深深地影响着人们适应现实生活的能力。洛温菲尔德十分肯定地说：“若是没有充分游戏的机会，那么就不会有正常与和谐的情感发展。”① 把游戏本身作为心理治疗与治愈的因素与源泉，这是洛温菲尔德的洞见与贡献。

① Lowenfeld M.，*Play in Childhood*，London：Victor Gollancz，1935，p. 321.

3. 多拉·卡尔夫与“沙盘游戏”

多拉·卡尔夫1904年12月21日出生于瑞士。1944年，通过孩子之间的交往，卡尔夫结识了荣格的女儿格莱特（Gret Jung-Baumann），并保持着终生的友谊。通过格莱特的介绍与安排，卡尔夫认识了荣格。

多拉·卡尔夫（Dora Kalff，1904—1990）

1949年，作为两个孩子的单亲母亲，卡尔夫开始了她在瑞士苏黎世荣格研究院6年的学习，并由荣格的夫人爱玛·荣格为其进行心理分析。为了靠近研究院方便学习，她买下了昭里孔（Zollikon）的一栋古老的房子。该房子始建于1485年，庭院中有着美丽的喷泉，“沙盘游戏”有了一个理想的出生地。卡尔夫让荣格的儿子皮特·荣格来帮助装修房子。皮特是一位建筑师，并带有心理分析的灵感。装修后的房子让荣格本人都十分羡慕，并开玩笑地说要和卡尔夫互换彼此的房屋。

1954年，卡尔夫参加洛温菲尔德在苏黎世的讲座，深受启发，也由此引发了一种内在的梦想，寻找一种能够有效帮助儿童心理分析的方法与途径。于是，卡尔夫决定去伦敦跟随洛温菲尔德学习其“游戏王国技术”，并把自己的想法告诉了荣格。荣格回忆起他自己曾在1937年听过洛温菲尔德的有关报告，并且同样有着深刻的印象，于是对卡尔夫的计划给予了鼓励和支持。

1956年，完成了苏黎世荣格研究院所有课程与要求的卡尔夫，由于没有大学文凭，不能获得荣格心理分析家的资格。于是，卡尔夫写信给洛温菲尔德，前往英国伦敦洛温菲尔德的诊所开始了她的“游戏王国技术”的学习。在此期间，卡尔夫还师从维尼考特一段时间。英国的荣格心理分析家，以其儿童发展理论而著称的麦克尔·弗德汉姆，承担了对卡尔夫的指导。

一年后卡尔夫从英国返回瑞士，她把洛温菲尔德的“游戏王国技术”与荣格分析心理学相结合，同时，也致力于把东方的思想融会在更为有效的儿童心理治疗实践中。为了区别于洛温菲尔德的“游戏王国技术”，卡尔夫用了“沙盘游戏”来命名自己的理论与实践。

卡尔夫在昭里孔家中的沙盘室

（三）“沙盘游戏”的内涵

尽管“沙盘游戏”治疗的最初表现形式源自西方，但其内涵正是某种超越性的心理存在，冥冥之中回归于东方的智慧。在卡尔夫创立沙盘游戏的过程中，曾受到两个大梦的启迪，那也正是她所接受的中国文化的感召。

1. “沙盘游戏”的寓意

“沙盘游戏”（sand-tray and sand-play）的名称给了我们三个“关键词”：“沙”、“盘”和“游戏”。首先，儿童喜欢沙，似乎是对沙具有某种出乎天性的情感。几乎所有的幼儿园里都有“玩沙池”和“玩水池”，同样是一种天然的沙的游戏。

哲学家像孩子一样对沙着迷。“一粒沙就是一个世界”，说得并不夸张，看上去细微的沙粒，又有谁能知道百万年之前它的模样呢？又有谁能经历如此悠久的时光而依然保持着如此实在的触感呢？于是，远古的先民们赋予沙许多神性，用沙来占卜，用沙来表达心愿，用沙来治疗与治愈。藏传佛教中有用沙来表现“曼荼罗”仪式的，那是神圣的心灵接触与升华。

英国诗人威廉·布莱克曾用这样四行诗句作为其长诗《天真的预兆》（*Auguries of Innocence*）的开始：从一粒沙看世界，从一朵花看天堂；把永恒纳进一个时辰，把无限握在自己手心。（王佐良译）

我则更喜欢如下的翻译：一沙一世界，一花一天堂；手中拥有无限，此刻化作永恒。

两个盘子，一个盛沙，一个盛水。洛温菲尔德开始的时候就这样做了。卡尔夫改造后的沙盘，两个都放上了沙子，但其中一个用做“干沙游戏”，另外一个则可以加水进去，被称作“湿沙沙盘”。湿的沙盘更容易玩出搭建城堡、挖洞建桥等游戏效果。

华人心理分析联合会（CFAP）、广东东方心理分析研究中心和广州市灵性教育机构联合会推出的“沙盘游戏治疗专业系列”，包括沙盘、沙具和沙架，以及操作手册和管理软件等

游戏是儿童的天性。因而，游戏中包含着天性的恢复，若是这种天性受到了阻碍或压制。于是，游戏中也就包含了治疗与治愈的条件和机会。当有人问维尼考特如何才能把一个“病人”治好的时候，维尼考特说，教会他玩就行了。许多病症的背后，都包含着某种失去了游戏的兴趣，失去了童真的天性。

于是，我们可以看到这“沙盘游戏”中所包含的“天时”、“地利”与“人和”。沙粒中浓缩着百万年的时光，正如“沙漏”象征着时间的流动。沙盘所呈现的空间，如同大地的承载，山川河流尽显其中。而当游戏使其生动的时候，正是在这天地之间所表现的人及其心理的意义。

“天”、“地”、“人”及其变化，也正是《易经》的内涵。当你踏上北京故宫太和殿台阶的时候，最先看到的便是右面的“日晷”和左边的“量器”，同样是包含着乾坤的象征，以及乾坤之中人的意义。乾卦之自强不息，坤卦之厚德载物以及咸卦之无心之感，正是沙盘游戏中最重要的寓意与内涵。

2.“沙盘游戏”的结构

有了对“沙盘游戏”寓意的理解，我们可以来分析沙盘游戏的结构或结构性内涵。首先，“沙盘游戏”是由沙盘游戏者、沙盘分析者、沙盘游戏室（包括沙盘以及沙盘玩具模型）以及“沙盘游戏”的气氛（包括沙盘游戏者与沙盘分析者的动态关系，以下简称游戏者和分析者）等诸要素构成的整体。专业的学者们总是喜欢用“自由、安全、保护和共情”来形容“沙盘游戏”的感觉与氛围。实际上，治愈的作用也包含其中了。

其次，是沙盘中的时空概念。前面我们从天时、地利与人和来解析沙盘游戏的寓意，已经是在进行结构或结构性内涵的分析。游戏者会在沙盘上追溯往事，恢复记忆，带有很强的时间含义。而矩形的沙盘，上下左右中间，以及沙面、沙底和四角等等，也都具有结构性的意义。比如，从理论的意义上来说，对于右利手者，左面多表示过去，右面多表示未来，而中间多表示现在或自我的现实感等。

再次，“沙盘游戏”摆上去的沙盘玩具模型，也可以有结构性的分析。比如，动物与植物在整体上的不同寓意，自然物质与人造物质的不同属性，所使用人物的年龄性别等差异以及各自角色的象征意义等。卡尔夫本人接受了诺伊曼的心理发展阶段理论，倾向于从动物采集、冲突争斗和适应集体三个方面或阶段来观察游戏者内在的心理发展，其中也包含了对沙盘中玩具模型的结构性分析与发挥。

最后，当面对游戏者最终完成的沙盘图画的时候，则需要把“沙盘游戏”的结构性内涵进行整合与发挥。不同象征意义的玩具模型，出现在不同位置的时候，也就有了新的组合性意义。连续的沙盘或系列性沙盘图画，本身也具有结构性的特点。某一重复使用的玩具模型，在不同的沙盘图画中位置的变换，往往是分析者关注的重点。对此沙盘游戏治疗师往往用“主题”和“主题”的变化来对沙盘进行分析，以探寻其中表现的受伤内容和治愈的象征。一般来说，初始沙盘多表现出问题以及表现游戏者应付问题的方式；终结沙盘多反映心理分析的效果以及游戏者的转变，这些都增加了“沙盘游戏”结构性内涵的意义。

3. 卡尔夫与东方思想

我基本上仍然是从中国文化心理学和整合的心理分析的角度，来对“沙盘游戏”的寓意进行解释，对“沙盘游戏”的结构进行分析。实际上，“沙盘游戏”本身，正是这种东西方整合性心理分析的一个例证，卡尔夫在创立其“沙盘游戏”治疗的过程中，深受东方思想的影响与启迪。

根据卡尔夫儿子的介绍，卡尔夫曾有过两个与其发展“沙盘游戏”治疗至关重要的梦。其一，当卡尔夫还在苏黎世荣格心理分析研究院学习的时候，梦到自己到了西藏。有两个和尚在梦中向她走来，交给她一个金制的矩形工具。卡尔夫在梦中挥动了这个金制的矩形工具，顿时，大地裂开了一个门，呈现出两边的世界，并且在西方出现了太阳。卡尔夫当时在与荣格的妻子爱玛·荣格作心理分析，当她把这个梦告诉爱玛·荣格的时候，爱玛通过其自身的东方知识与修养，帮助卡尔夫理解其中所包含的整合东方与西方的寓意，鼓励她努力探索中国文化的心理学内容。

另外一个梦，是在荣格去世的当天做的，那是1961年6月6日。在梦中，荣格邀请卡尔夫一起吃晚饭。在餐桌的中间有一堆大米，荣格指着这一堆大米对卡尔夫说，她应该继续她对于东方思想尤其是中国文化的探索。

于是，西藏和尚交给她的金色“矩形工具”，以及荣格让她继续探索东方思想、中国文化的“餐桌上的大米”，犹如沙盘和沙盘里的沙子，如此美妙地预示了她的工作与努力。1962年，卡尔夫开始通过讲演和报告来发表其关于沙盘游戏治疗的思想与体系，其中便包含在这些梦中呈现出来的源自中国文化的启示。

在卡尔夫的第一部也是唯一一部关于“沙盘游戏”的专著《沙盘游戏：治愈心灵的途径》（1966，1980，2003）中，她用中国宋代理学家周敦颐的“太极图”，作为其“沙盘游戏”治疗的重要理论基础。因而，太极四象阴阳五行，一直是卡尔夫所追求的“沙盘游戏”治疗的本质性内涵，并将其作为沙盘游戏方法技术的内在核心结构。在该书的许多章节中，卡尔夫反复引用《易经》和《老子》来分析与解释其个案的治疗和转化；在该书结束的时候，卡尔夫用《易经》的坎卦作了全书的总结：“心灵的运作可以比喻为水的流动。《易经》的坎卦便是最好的写照：‘习坎，有孚，维心亨，行有尚……水流而不盈，行险而不失其信。维心亨，乃以刚中也。’”卡尔夫最后说：“只有当我们能够获得如此的体验，获得内心的和谐之后，我们才能够谈论恩赐和完美。”①

（四）“沙盘游戏”的运作

“沙盘游戏”是心理分析的一种形式，但它本身也包含着心理分析之“安其不安：医心与心理治疗”、“安其所安：安心与心理教育”、“安之若命：明心与心性发展”的三种水平的意义和作用。因而，“沙盘游戏”的操作或运作，是在心理分析的基础上进行的。心理分析之“无意识原则”、“象征性原则”和“感应性原则”，仍然都是“沙盘游戏”治疗的关键。

然而，相比较催眠、自由联想、积极想象，以及移情和梦的分析等心理分析的基本方法而言，“沙盘游戏”也有其自身的特点。

1. 得之于心

如何开始“沙盘游戏”，往往会成为首先遇到的问题。一般来说，心理分析者可以向被分析者来介绍沙盘以及沙盘室的模型，包括沙盘的特性，干的沙盘和湿的沙盘，以及推开沙子之后呈现的蓝色底面。但是，是否做沙盘，则完全是由被分析者自己决定的。避免任何迫使被分析者做沙盘的因素，则是“沙盘游戏”治疗的第一守则。

若是被分析者表现出了对沙盘游戏的兴趣，那么已经是有所动心了。作为分析者的指导语往往应该简单且灵活，所表达的意思大致是：“这里是沙盘，这里是玩具模型，你可以随意去玩，做任何你想做的事情；或你可以在沙盘上摆放任何你想摆放的玩具模型，构建任何你想构建的画面。”

若是被分析者想做，而表示自己也不知道做什么的时候，那么，分析者不妨让他把手放到沙盘的沙子上，用心去感受一下……然后去表现自己

---

① Kalff D., *Sandplay: A Psychotherapeutic Approach to the Psyche*, Boston: Sigo Press, 1980, pp. 165-166.

内在的感受。

有了某种感受和感觉，那么被分析者一般就会去架子上挑选玩具模型。若是用《易经》之“感而遂通”的原理来说明的话，那么这种挑选是双向的。也即不仅仅是你在挑选玩具模型，那看似沉默不语的玩具模型，也在冥冥之中挑选你。至少，是无意识透过那沉默的玩具模型，让你来表现其存在的意义和作用。

于是，这已经是一种心灵的感应，从双手触及沙盘中的沙子开始。那沙子的背后，积蕴着沙与水的象征性的意义，积蕴着与大地母亲的联系，积蕴着与集体无意识和原型的沟通，积蕴着心的灵性与创造……而“沙盘游戏”的治愈意义，也包含其中了。

治愈的力量与决定性因素来自游戏者的内心深处，而非外在的治疗或影响。作为游戏分析者，其作用不是指导或引导治愈，而是唤醒游戏者内在的指引者，起到关怀与守护的作用，发挥陪同与共情的效果。

2. 应之于手

得之于心而应之于手。有了心的感应，那么手的表现就有了深远的意义和背景，可以说是手在表现，在操作，而“心”在倾诉，在表达。俗话说的“十指连心”、“心灵手巧”也就有了其“沙盘游戏”治疗的独特意义。

在“沙盘游戏”的过程中，游戏者就用他的双手，在构画着无形的内在感受。他可能从沙盘室的架子上拿起了某一玩具模型，用手感触着，挑选着，拿起来又放下。他也可能会在沙盘上，把某一玩具模型细心地放在适合它的位置，左右上下移动着。或者，用手去抚摸某一玩具模型中所包含的记忆。实际上，游戏者使用的所有的沙盘玩具模型，都可能包含着个人心理层面或无意识层面的痕迹与记忆。而这种感性的接触，也是在一种自由、保护与安全的心理分析气氛中记忆的恢复与重新体验。

实际上，有的时候，游戏者可能并没有选择与使用任何玩具模型，而只是用手在沙上抚摸或堆起某种沙的形状。但是，对于分析者来说，这亦然是心在表达。从沙盘上留下的手的印记，到由手的触动所形成的沙的流动与沙的形状，都属于沙盘游戏之心理分析的内容。就像梦的分析那样，透过那些形式的背后，就是心理的意义，或者是无意识的存在与表现。

3. 形之于沙

游戏者最终会在沙盘上留给我们一幅图画，这正是许多有关“沙盘游戏”治疗的著述中所重点分析的内容。既然有“得之于心而应之于手”的酝酿，那么“有心之器，其无文欤”。有了对中国文化基础之上的心理分析内涵的理解，我们知道这“文”与“理”是互通的，而金文之“文”寓心其内。“纹理”之线索、心理之深蕴以及理心之妙用也会尽显其中。

面对一幅沙盘图画的时候，我们是透过那图画的形式，在感受游戏者发自心底的表述，在感受其无意识的自发显现。有的时候，游戏者在完成其沙盘图画之后，甚至是在其游戏的过程中，会给你讲述其中的故事。但也可能只是给你留下了他的沙盘图画以及他的非言语的表达。

我们首先需要注意的是游戏者搭建沙盘的时候所处的位置以及分析者所在的位置。其次是沙盘图画所呈现的方向，是面向自己呢，还是面向分析者。然后是沙盘图画中能量的流动性，可以从游戏者留在沙上的手动痕迹以及沙盘中玩具模型的动感等予以观察。

尽管我们把沙盘称为“非言语的心理治疗”，但是沙盘图画在“说话”，它使用的是符合无意识心理学的象征性语言。比如，游戏者在沙盘中放了一只青蛙，那么青蛙所包含的神话与文化的意义以及青蛙自身转化的象征性意义，都在沙盘图画中以及游戏者的心理分析过程中，具有十分重要的意义和作用。而这只青蛙在沙盘中的位置、它与其周围的玩具模型的关系以及在多次沙盘图画中的出现、转移与消失等等，都展现着游戏者内心变化及其治愈与发展的过程。

来访者呈现的沙盘

资料来源：广东东方心理分析研究中心。

（五）“沙盘游戏”治疗在中国

卡尔夫所建立的沙盘游戏治疗是在荣格分析心理学基础上的一种发展。国际分析心理学会（IAAP）1994 年对于中国的正式访问，同时也开启了沙盘游戏治疗在中国的发展。

这也是我对于沙盘游戏治疗的最初接触。1995 年前往瑞士苏黎世参加第 13 届国际分析心理学大会的时候，我也参加了美国沙盘游戏治疗学会主席哈里特·弗里德曼（Harriet Friedman）关于沙盘游戏治疗的工作坊，实地参观了瑞士沙盘游戏治疗师的工作室，带回了有关的专业资料和书籍，开始了沙盘游戏治疗的系统研究和学习。

北京师范大学儿童心理与发展研究所的张日昇教授，在赴日学习期间接触到沙盘游戏治疗，曾于 1998 年撰文介绍日本的“箱庭疗法”（《心理科学》，1998 年第 6 期）。一些国外沙盘游戏治疗师和日本箱庭疗法学者曾于 1996 年陆续到我国做有关的介绍与讲座。山西大学教科院心理学教授范红霞曾于 1997 年在《中国临床心理学杂志》上撰文介绍“沙盘游戏疗法”，并探讨其在中国发展的意义。

1998 年和 2002 年的心理分析与中国文化国际论坛，都有沙盘游戏治疗师的参与，如美国沙盘游戏治疗学会主席哈里特·弗里德曼和国际沙盘游戏治疗学会副主席瑞·米切尔（Rie Mitchell），国际沙盘游戏治疗学会秘书长伊娃·帕蒂丝·肇嘉（Eva Pattis Zoja）和国际沙盘游戏治疗杂志主编乔西·考宁汉（Joyce Cunningham）等，同时开始了国际沙盘游戏治疗学会授权的专业培训。

2003 年，作者受邀请参加了在美国西雅图举行的第 17 届国际沙盘游戏治疗大会，并作了“沙盘游戏与中国文化”的大会报告。会议期间，国际沙盘游戏治疗学会专门召开了“沙盘游戏在中国”的特别会议，由茹思·安曼主持，国际沙盘游戏治疗学会前任主席黑格曼（Gretchen Hegeman）、国际沙盘游戏治疗学会副主席瑞·米切尔、美国沙盘游戏治疗学会主席哈里特·弗里德曼及高岚等人参加，商议制订了沙盘游戏治疗在中国发展的正式计划。

随后，在国际分析心理学会和国际沙盘游戏治疗学会的支持下，由广东东方心理分析研究中心组织，茹思·安曼、哈里特·弗里德曼、瑞·米切尔、伊娃·帕蒂丝·肇嘉、乔西·考宁汉和鲁伊基·肇嘉（Luigi Zoja）等，每年都会前来中国进行心理分析与沙盘游戏治疗的专业培训。在第 18

届国际沙盘游戏治疗大会期间（意大利罗马，2005 年），国际沙盘游戏治疗学会副主席瑞·米切尔介绍了沙盘游戏治疗在中国的发展，高岚作了“沙盘游戏治疗在中国”的大会报告，我向国际沙盘游戏治疗学会理事会作了“沙盘游戏治疗在中国及其发展”的特别报告。

在北京大学举办的第一届“中国荣格学术周”（2006）和在复旦大学举办的第二届“中国荣格学术周”（2008），都把心理分析与沙盘游戏作为主要的专业培训内容。2009 年，第四届心理分析与中国文化国际论坛在复旦大学召开，心理分析与沙盘游戏治疗仍然是大会最吸引人的内容。

国际沙盘游戏治疗学会主席茹思·安曼在写给第四届心理分析与中国文化国际论坛的信函中说：“国际沙盘游戏治疗学会为拥有申荷永和高岚作为沙盘游戏治疗在中国的如此优秀代表而感到骄傲……感谢申荷永教授为国际沙盘游戏治疗学会和沙盘游戏治疗所做出的努力和贡献。”

2006 年 9 月，国际分析心理学会和国际沙盘游戏治疗学会在广州天麓湖洗心岛共同举行一次特别高峰会议，参加人员有国际沙盘游戏治疗学会主席茹思·安曼，秘书长伊娃·帕蒂丝·肇嘉，国际分析心理学会主席克里斯琴·盖亚尔，秘书长乔·凯布雷，国际分析心理学会/国际沙盘游戏治疗学会中国发展组织负责人申荷永等。此次会议达成了一项重要决议，国际分析心理学会正式将沙盘游戏治疗列为分析心理学的应用分支，这对于分析心理学和沙盘游戏在 21 世纪的发展都至关重要。

国际分析心理学会/国际沙盘游戏治疗学会广州天麓湖洗心岛高峰会议（2006）

会议确定了将沙盘游戏作为荣格分析心理学应用分支的决议。

此次会议重申与强调了荣格分析心理学作为沙盘游戏治疗技术的基础，以及国际分析心理学会和国际沙盘游戏治疗学会共同致力于在中国的整合性发展。天麓湖洗心岛也因此被写进了荣格心理分析和沙盘游戏治疗的历史。

广东天麓湖洗心岛

在广州北郊龙洞凤凰山的幽深处，有宁静怡人的天麓湖。天麓湖会聚自然山泉，随心所欲形成了一个自然的湖心岛，那就是华人心理分析联合会和广东东方心理分析研究中心所在地的洗心岛。

第五章　分析心理学的实践

荣格的分析心理学与弗洛伊德的精神分析一样，都是以临床实践为基础的心理学理论体系，都是以治愈和发展为目的的心理学实践。我们也可以在实际的应用过程中，通过具体的治疗和治愈的个案及其过程，获得对于心理分析之意义和价值的理解和感受。

一、治愈与发展

在我从事心理分析学习与实践的20余年中，曾经反复问自己，也问了许多资深的心理分析家这样一个问题："心理分析究竟是如何把病人治好的?"或者说："心理分析的治愈因素何在?"尽管问的是同样的问题，但是往往会得到许多不同的回答。在这里选一些作为例子，用其来展开"心理分析的治愈观"。

（一）"爱"能治愈

这是在美国帕罗·阿图，靠近斯坦福大学的"中央地带"大街上的一个心理诊所。托马斯·科茨、珍·科茨（Jean Kirsch）和鲁西克等几位出色的心理分析家在这里设有心理分析工作室。珍·科茨的心理分析室是"超标准的配置"，有沙盘游戏的设备以及经典精神分析的沙发床，同时，在最醒目的地方，放着一个来自中国的古老的"箱子"。

当我向珍·科茨提出那思考许久的问题："什么是心理分析过程中最重要的治愈因素"，其中包含着"什么是一个好的心理分析家最重要的素质"或"心理分析究竟如何能发挥治愈的作用"的时候，珍·科茨给了我这样的回答："是爱，爱能治愈。"

这些话语发自她的心底，产生了一种深远的回应……说话的时候，她的眼睛湿润了，我也为她所感染。

"爱能治愈。"作为心理分析家，总是要心存关爱的。爱是大自然赐予

美国帕罗·阿图“中央地带”大街945号，托马斯·科茨、珍·科茨和鲁西克等心理分析师的诊所

人类的一种美德。有了发自心底的关爱，也就有了治愈的神奇力量。在这种意义上，可以把“善心安爱”当作心理分析家的内在修养。

在这里，爱是那种能够使人超越，能够使人获得崇高的一种精神或灵性。雨果说过，爱是感情的升华，它有如阳光照耀大地，给万物以生长的力量，使其欣欣向荣。这很接近珍·科茨所用在心理分析中的爱的回答。大自然赐予了我们爱的力量，我们也应该赋予爱以神性。这是我对珍·科茨的回应。有此爱心，你才可能尽情地接受与欣赏你的病人，真正地帮助你的病人。

都说西方“哲学”（philosophy）一词的本义是“爱智慧”。但智慧中也包含着情感，苏格拉底和柏拉图都曾这样付诸其对爱的理解。尼采在其《查拉图斯特拉如是说》中，给我们讲述他的查拉图斯特拉的故事的时候，说住在山里10年的查拉图斯特拉想到要下山了。森林里遇到的一位老人问他：“你现在要到睡着的人群里去做什么呢?”查拉图斯特拉答道：“我爱人类。”当弗洛伊德和荣格喜爱尼采的哲学的时候，大概也都喜爱他这种“爱人类”的精神吧。

我随手写给珍·科茨我们汉字甲骨文的“愛”，与其分享其中的意象与蕴涵。

观汉字“愛”的象形，上面是“爫”，“爫”下有“冖”，“冖”下有“心”，“心”下有“友”。诚信、关爱、滋养、安心、友情皆在其中，更有生动丰富的象征寓意。

“爫”所寓意的是“孚”字中所包含的诚信义。《说文》和《尔雅》都把“孚”字作“信”解。《易经》中有“中孚”卦，《杂卦传》中说：“中孚信也。”徐锴注释曰：“鸟之孚卵，皆如其期不失信也。”鸟之孚卵，半卧其身，不欲压重身下之蛋卵，真心厚爱执诚守信；鸟下之蛋卵，欣然接受全部寄托绝无疑虑。爱之诚信中包含着生动的心理分析实践。

“爫”下之“冖”为“安全”、“保护”的象形，如房屋之遮挡风雨，带来温暖。在汉字的甲骨文中，这“冖”形实为“洞穴”或“子宫”之形状，大地母亲或大母神之孕育生命的处所。于是，在“愛”的意象中也就包含了滋养。“愛”字的下面，简体字作为“友”，繁体字的字形中，包含了“夂”、“夕”和“友”的三种形状，有手握手之象，寓意友谊和支持。

至此，最为关键的，便是“愛”之“心”，“心”在“愛”的中央，正心诚意之意象油然而生，凝聚为“爱之治愈”的心理分析意境。

作者与珍·科茨在其心理分析工作室

《论语》曾记载孔子的名言：“仁者爱人。”于是，爱是一种身体力行的实践，当你能够真正实现爱的时候，就能够获得对“仁”的理解，也就能够真正理解爱中所包含的心理分析治愈的作用。

实际上，我们可以反思精神分析的历史以及心理分析的开始，许多带进心理分析工作室的最初问题，往往是由于爱的缺失。而透过那些专业的方法与技术的背后，总是有“爱”在发挥其治愈的作用。这也可以帮助我们来理解弗洛伊德的信念。当被问及有关治愈和希望的时候，弗洛伊德的回答是：“爱与工作。”这也正如《美丽的心灵》中所呈现的美丽的治愈。作为心理分析家，诚心为了被分析者的利益与发展，这是深含的关爱；这爱能够获得被分析者的呼应，能够烘托出治愈的气氛，产生治愈的效果。

（二）自我探索与治愈

在波士顿，我曾与国际意象体现学会主席伯尼克（Robert Bosnak）一起讨论同样的问题。他在哈佛大学附近有一个心理分析室，在那里已经工作了 20 多年。我们在查尔斯河畔散步的时候，刚好走过郎费罗大桥，我停住脚步问他，“你如何看待心理分析过程中的治愈因素呢?”

伯尼克停顿了片刻，给了我一个特殊的答案。他说，好的心理分析家是一件好用的工具，这就是他对心理分析治愈的理解。

作者与伯尼克（Robert Bosnak，现任国际意象体现学会主席）

心理分析家是“好用的工具”，而使用者则是被分析者。这工具若是好用，在不同的被分析者手里就会起到不同的作用，可以适用于被分析者各种不同的需要。但是，被分析者是主动的，是使用工具而达到解决问题之目的的主体。于是，在这回答中也就包含了这么一层意思：病人是被他自己治好的。

心理治疗和心理分析是一种双向的效应，在强调被分析者自我探索与自我治愈的同时，也包含了心理分析家的作用。因为被分析者的自我探索，需要心理分析家这一好用的工具；被分析者的自性的觉醒与自我治愈，需要心理分析家作为镜子来反映。

（三）“忘我”与治愈

2004 年参加第 28 届国际心理学大会的时候，我曾请河合隼雄等几位日本的荣格心理分析师聚会。河合隼雄是日本的第一位荣格心理分析师，同时也是箱庭疗法的创立者。其间，我也向他求教同样的问题：“心理分析的治愈因素是什么？”

河合隼雄看了看我，然后默默地回答说：“我不知道”。

尽管看似没有回答，但从其凝望的目光中，我已是获得了理解：若是要获得对治愈因素的把握，首先应该做到忘我。

作者与河合隼雄等心理分析师在一起

这与我在美国旧金山实习时的一位督导师，克里斯蒂娜·汉吉里亚

(Christina Hejinian）的思路是一致的。她悉心地指导我的专业实习，每次当我提到“要如何帮助病人”的时候，她总是提醒我，“你不能帮助你的病人”（you can not help your patient）。其所包含的意思是，不要老想着你是在帮助病人或治疗病人，因为心理分析所重视的正是被分析者的自我探索与自我治愈。同时，心理分析是基于无意识水平的工作，正如积极想象的过程，“忘我”是必需的。这也正如庄子所描绘的“吾丧我”，唯此始能获得那天籁之音的启迪。

（四）发展与内在成长

若是我们有机会来问荣格，心理分析之治愈因素到底是什么，那么，荣格或许会告诉我们“容纳”（contain）的意义和作用，以及其中的发展与转化。这也是沙盘游戏治疗创立者卡尔夫的必然回答：“自由与保护的空间。”

心理分析的治愈观是与发展的观念结合在一起的。爱能治愈，是因为爱能促使人发展；自我治愈与自我探索一起发挥作用；感应的治愈力量也在于对无意识自性的唤醒。于是，这里所要阐述的“发展观”，不是普通的发展心理学所描述的个体的发展与阶段，而是心理分析目的与实践中所体现与包含的发展的意义和作用。

有两个专业的概念直接涉及心理分析的发展观。其一是“内在儿童”（inner child）及其发展，其二便是“容纳”或“承受性”（contain and container）或称之为“容量”与“容器”。内在儿童更多地包含着无意识的成分，往往涉及自性的涌现与成长。而容纳与承受性或容量与容器，则更多地被用来描述意识自我的提升与扩展。

在心理分析的过程中，内在儿童主题的出现，不管是表现在梦中，还是通过其他的心理分析的形式，总是与自性化过程的开始与发展有关。于是，意识到内在儿童的存在、与其沟通以及帮助其发展，已经涉及了心理分析目的与实践的本质性内容。荣格分析心理学理论与实践的关键性转折，也正是他对于自己内在儿童的发现。那便是他1916年前后所做的梦，梦中的孩子是活着的，也正是生动的无意识的生命力的体现。而荣格也意识到，与这内在的儿童的沟通，就是他心理分析发展的道路。于是，积极想象的最初构想也由此产生。

就“容纳”与“承受性”或容量与容器而言，培养意识自我的容纳与接受，以及扩展意识自我的空间，都同时包含着治愈与发展的双重意义。荣格曾讲述过这样一个故事：心理分析好比乘船出海去钓鱼。海洋的下面象征着无意识的存在，而“鱼”可以被看做来自无意识的礼物。但是，并非从无意识获得的礼物越多就越好，因为这与你所乘的船的大小或其承载力，也就是意识自我的容量与容器是有关的。

从治疗的角度来说，许多心理的冲突与困难，往往是由于意识自我的容量与容器有限，承受不了生活的压力或容纳不了无意识的涌现所致。于是，意识自我的容量与容器的扩充与发展，或承受力与承受性的加强与提高，在这心理分析的发展中也就包含了治疗与治愈。

(五) 时机转化与治愈

当我把有关心理分析治愈因素的话题，请教于约瑟夫·汉德森（Joseph Henderson）的时候，得到的回答是“时机”。那正是在他的书房，美国旧金山北面山里的一个六角亭式的别致建筑。书房的墙壁上挂着两幅中国的山水画，而在其书桌上的一个镜框里，则有着用中文繁体书写的“時機”。

我们常用“炉火纯青”形容一个人的特殊造诣，其中也包含了这时机的把握和运用。中国有谚语曰：“敕天之命，惟时惟机”，此之谓也。其中也正是《易经》之极深而研几的工夫体现。

我第一次见到汉德森是 1997 年，正是他 93 岁生日的一天，玛丽·乔·斯宾塞（Mary Joe）在家设宴为他祝寿，还特意邀请了汤姆·科茨夫妇（Thomas Kirsch）和约翰·比贝（John Beebe）。

我曾在瑞士爱诺思基金会 1996 年的圆桌会议上作了有关“以心为本之心理学”（The Psychology of the Heart）的报告，没想到汉德森读了它并给予热情的评价。我知道这是他对于中国文化的热情，作为荣格第一代的学生，像荣格一样，他对于《易经》和中国哲学有着很好的基础。

2000—2002 年，我作为旧金山荣格心理分析研究院的国际学者，有了更多的接触汉德森的机会。有的时候是去他家上课，有的时候是让他帮我做心理分析，有的时候则只是看望他。汉德森曾在 1962 年瑞士分析心理学年会上，提出了有关“文化无意识”的观点，希望用此概念来补上个体潜意识和原型理论（集体无意识）之间的一个环节，随后的几十年中也一直致力于这一理论的完善。而我自己在瑞士跟随马里奥·雅各比（Mario Jacoby）做心理分析的时候，非常关注“文化情结”的作用与影响，并把它看做“文化无意识”理论中的一个重要内容。汉德森对此十分欣赏，并且给予了我许多的鼓励。

有一次在他家里上课的时候，发生了这样一个故事。有同学问他：您

作者与汉德森（2002）

目前是最著名的荣格心理分析家，从事心理分析70余年，那么您自己应该是分析得很清楚、很透彻，不会再受“情结”所困了吧。

汉德森的回答是：我仍然有我的情结。

大概是看到同学们诧异的眼神，这眼神似乎是在说：哇，你从事心理分析这么久的时间若是还有情结，那这心理分析有用吗？于是汉德森慢慢地说：心理分析还是有用的，正是由于经历过心理分析，我才知道我的情结在什么地方，并且学会了如何绕过那些“情结”。

就我的理解而言，汉德森所说的“绕过情结”，实际上是以“发展”包容了“治愈”，从治愈中获得了转化。回溯70年以前，年轻的汉德森正是需要心理上的医治，漂洋过海去找荣格。这既是其重要的机缘，也是其生活的转机。经过一段时间的分析，荣格鼓励他去英国读取医学博士学位。汉德森一面在英国读书，一面利用假期从英国到瑞士和荣格一起做心理分析。于是，对于他来说，这心理分析也正是他自身发展的过程，治愈中包含着发展，发展中包含着治愈与转化。

（六）心灵的真实性

我曾与约翰·比贝讨论有关心理分析的治愈因素。他听了我的诸多采访和思考后说：“荷永，信我，获得心灵的真实性足已。”心灵的真实性，如同“斐乐蒙”之于荣格，其中已是包含了治愈的关键与心灵的境界。

在1998年第一届“心理分析与中国文化”国际研讨会上，约翰·比贝代表国际分析心理学会作了主题发言，题目是“荣格分析心理学的理论与实践”。其中，他讲述了自己的一个梦，以及他的老师汉德森对此梦的分析。

作者与约翰·比贝（1998）

那还是在约翰·比贝与汉德森刚开始做心理分析不久，他也是由于自己的生活与心理危机去寻求帮助的。在梦中，他梦到了附近洗衣店的中国老板娘，吴太太。吴太太看起来很不高兴，衣着陈旧，满脸倦容；她的丈夫整日赌博，很少理睬她。

约翰·比贝说，他并没有觉得这梦有什么特别，只是随便说了出来。反正自己从不赌博，这梦中的吴太太不会与自己有什么关系。但是，作为他的心理分析家的约瑟夫·汉德森，却并不是这样轻易把“梦”放过，而是用十分认真的态度，与他一起来探索这梦的意义。在汉德森的帮助下，约翰·比贝开始接受这梦中的意象所呈现的意义。尽管自己，意识层面的自己，从不赌钱，但实际上确实一直在“赌博”，把自己的意识和精力“赌”在了工作中，而完全忽视了自己内在的需要与存在，那正是梦中“吴太太”的象征。若是用荣格分析心理学的术语，那么这梦中的吴太太也就是约翰·比贝的“阿尼玛”，是灵魂、灵感与创造的源泉，而就当时来说，她是委曲求全，是贫穷与受苦的。

于是，自从有了这样的认识与理解，有了这种内在的沟通与交流，约翰·比贝开始关注自己的“阿尼玛”。把西方思想作为满足意识努力的他，开始把东方思想作为充实其内在需要的内容。于是，他学习中国的哲学，学习《易经》……几年后，他说，他又梦到了那洗衣店的吴太太。吴太太这次在梦中显得特别高兴，穿着美丽的旗袍，尽显东方的魅力。而她高兴的一个主要原因，是她的丈夫不再“赌博”了，而是非常关心与体贴她，就在梦中还买了冰淇淋给她……

心灵的真实性也正是心理分析之积极想象的基础与体现，其中也包含了心性的发展和人格的完整性。这种人格的完整，包含着意识与无意识的整合，自性对于人格面具和阴影的统合，内在儿童的成长，意识自我容量与容器的扩展，也包含着与自己内在“阿尼玛”或“阿尼姆斯”的结合与协调。“阿尼玛”常被看做灵魂、灵性和创造的源泉，这种结合与协调，本身也包含着治愈的作用，以及自性化的发展。

（七）自然与感应

当我与我的心理分析师雅各比和鲁西克（Louis Vuksinick）讨论有关问题的时候，他们告诉我：“作为分析师，我们只管分析，治愈是上帝的事……”他们也会说：“心理治疗是一种艺术，治愈是奇迹。”但是其中已包含了这样一种意境：努力去做你该做的心理分析工作，治愈自然就会出现。

作为职业的心理分析师，他们也曾反问我：“那你认为到底是哪些因素能够起到治愈的作用呢？”

我回答说：“是感应”。

作者与分析师马里奥·雅各比在交谈

这是基于中国文化心理学的一种回答。我把“感應”作为发挥中国文化心理学意义的第一原则，它包含着荣格用“共时性”（synchronicity）所表达的“心灵的真实性”（the reality of the psyche），以及心灵的自主性（the autonomy of the psyche）。《易经》之咸卦不仅仅与乾坤一起合成天地人之三才的象征，而且也包含了“感應”的心理法则。正如《易经·系辞》中的阐述：“《易》无思也，无为也，寂然不动，感而遂通天下之故。非天下之至神，其孰能与于此?”

“感應”中所包含的是“有求必应”、“心诚则灵”、“精诚所至，金石为开”的道理，所反映的是“移情”、“共情”和“共时性”的心理分析效果。若是说爱能治愈的话，那么也是其中有了感应的发生；即使是自我治愈，不管是把心理分析家作为工具还是镜子，其中也包含着感应的作用。因而，“感應”是治愈的重要因素，有“感應”也就会出现自然而然的奇迹般的治愈。

我也曾从“观感化物”入手，将感应表述为“感应心法”。其中既包含了命名与启蒙（naming and initiating），驯化与滋养（tmaing and nurturing），时机与转化（timing and transforming）；同时也包含了“执其两端而用其中”，以及“感应”所包含的“精诚所至，金石为开”的道理。在此“观感化物”的意境中，所包含也正是心理分析之治愈与转化。

心理分析是一种艺术，治愈是奇迹。但治愈也是一种努力，治愈也是内在的发展。我们想用荣格的三位“病人”，来介绍心理分析之治愈与发展的实践。他们是诺贝尔文学奖得主赫尔曼·黑塞、诺贝尔物理学奖得主沃尔夫冈·保利，以及美国哈佛大学教授克里斯蒂安娜·摩根。他们是科学与思想的伟人，也是普通的心理分析病人。在他们的身上，展现着心理分析之治愈与发展的作用与意义。

二、荣格与黑塞：创伤与创作

赫尔曼·黑塞（Hermann Hesse）被誉为德国浪漫主义的“最后骑士”，也是20世纪最具透视心理和灵性创意的作家。他是1946年诺贝尔文学奖的得主，以其独特深邃的思想，隽永睿智的文字傲立文坛。但他也曾是荣格心理分析的“病人”，在1916—1926年的10年中，经历了荣格及其学生300小时左右的心理分析。黑塞的心理分析经历，不仅帮助他度过了心理危机，而且激发了他的文学创作。

赫尔曼·黑塞（Hermann Hesse，1877—1962）

（一）黑塞与荣格的交往

1914年，第一次世界大战爆发，面对骚动的社会情绪，黑塞撰文引用了贝多芬的名言："啊，朋友，不要用这种声音"，来表达他主张和平的愿望。言论刊出后引起轩然大波，受到当时德国政府的打压和新闻界的围攻，使得他的家庭和生活都面临着极大的威胁。黑塞在震动之余引发反思，据此认为他多年来所相信的全部欧洲文明是不健康的，并且正在沦丧。黑塞在其《我的传略》中说："我再度看到自己同一直和平相处得好好的世界发生了矛盾。一切似乎又沦于失败，我又变得孤独和痛苦，我所讲的和写的一切又被别人满怀敌意地误解了。在现实和我认为是希望、理性和善良的事物之间，我又看到了一道无法逾越的鸿沟。"① 无法逾越的鸿沟也意味着分裂，内外的交困使得黑塞产生了严重的心理危机。

1916年前后，黑塞移居瑞士，最初是与荣格的学生约瑟夫·贝恩哈特·郎昂（J. B. Lang）做分析性心理治疗。荣格曾被弗洛伊德视为其精

① 黑塞：《我的传略》，见《赫尔曼·黑塞小说散文选》，上海，上海译文出版社，1985。

神分析的法定继承者，1909 年和弗洛伊德一起受邀赴美国参加克拉克大学的百年校庆之后，便奠定了他在精神分析和心理学界的地位。1913 年荣格与弗洛伊德分裂之后，建立了其分析心理学体系，以集体无意识和原型理论而著称。

1917 年秋天，黑塞与荣格直接联系，于是有了他们的第一次会面。那是在波恩的一个旅馆。黑塞在其日记中写道："昨天，荣格从苏黎世打电话给我，约我一起在波恩的那间旅馆吃晚饭。我接受了，与荣格一起聊到晚上 11 点多。我对他的印象不时变化着，最初感受的是他的自信……不过，总体上说，这是一次非常积极的会面。"①

实际上，这次会见使得黑塞和荣格都对彼此留下了深刻的印象。在开始与朗昂做分析性心理治疗的同时，黑塞便开始阅读荣格的著作，并给予了积极的评价，尤其是对于荣格的《转化的象征》（1912），黑塞称其为难得的杰作。

1921 年的夏天，黑塞前往荣格在瑞士库斯纳赫特的住所，继续他们的心理分析。同时，荣格也邀请黑塞在苏黎世的"分析心理学俱乐部"做演讲。通过黑塞的书信，我们可以看到，黑塞对于荣格的人格及其心理分析能力都有着极大的热情："我与荣格一起，此时，我正经历着十分困难，有时是难以承受的生活危机，也体验着心理分析的冲撞……它震撼着你的内心，这同样伴随着痛苦。但它是有效的，是有帮助的……所有我能说的是，荣格博士正用其出色的专业技能引导着我的心理分析。"② 即使是在黑塞完成了与荣格的心理分析之后，他也曾这样表示："我希望能够继续与荣格作心理分析。他是一位崇高、充满活力与智慧的人。我对他充满感激，很庆幸自己能够有机会与他一起作心理分析。"③

荣格对于黑塞也有着同样的热情。在 1919 年的一封通信中，荣格对黑塞邮寄《德米安》（*Demian*）给他表示了感谢，并且指出书中呈现出黑塞所领悟的心理分析意义。荣格说："读你的书，就像在暴风雨的深夜，感受到了灯塔的闪光。"④（荣格写给黑塞的信，1919 年 12 月 3 日。）在这封信中，荣格称自己本来就认识"德米安"，他可以为黑塞提供更多的有关"德米安"的不为人知的秘密。实际上，那也是其分析心理学的最重要的

①②③ Baumann G., *Hermann Hesse and the psychology of C. G. Jung*, A paper given at the 9th International Hesse Colloquium in Calw, 1997.

④ Adler G., *C. G. Jung Letters*, Princeton: Princeton University Press, 1977, p. 573.

发现，与无意识接触中所获得的领悟，以及他在其《向死者的七次布道》中所呈现的心灵的真实性。

黑塞自画像（1917）

在《荣格书信集》中所收录的荣格给黑塞的最后一封信是在1950年，荣格的75岁生日后不久。荣格写信给黑塞，感谢他邮寄的生日礼物。荣格说："在所有给我75岁生日的祝贺中，你的致意与礼物最使我感到惊喜。"黑塞给荣格的生日礼物大概是其《东方之旅》(*Morgenland fathrt*)，因为在那封信中荣格接着说："我尤其感谢你的《东方之旅》，我要用安静的时间来静静地读它。"① 因为荣格将其视为源自心灵深处的礼物，需要用沉静的心意来阅读。

（二）黑塞的心理分析经历

黑塞开始寻求分析性心理治疗的时候，正遭遇着其生活旅程中严重的

① Adler G.，*C. G. Jung Letters*，Princeton：Princeton University Press，1977，p. 563.

心理危机。他由于反战而被迫离乡背井，生活陷入困境。1916 年初他父亲去世，年幼的儿子又身患重病，妻子的精神病急剧恶化而不得不住院治疗。而这个时候，黑塞本人则是深受神经衰弱的折磨。于是，他找到荣格的学生朗昂，开始了分析性心理治疗。

在 1916—1917 年间，黑塞与朗昂共做了 72 次心理分析，基本上是每周一次，每次 3 个小时。开始的时候，黑塞的抑郁症非常明显，并且流露出自杀的倾向。朗昂的分析性心理治疗十分有效，帮助黑塞度过了心理危机，并且引起了黑塞对心理分析的兴趣。黑塞开始阅读弗洛伊德精神分析和荣格分析心理学的著作，并且在自己的创作中体现了这种心理分析的意义。黑塞在 1917—1919 年间完成的小说《德米安》便是写照。对于荣格来说，除了黑塞的个人磨难和心理治疗体验之外，那便是由集体无意识或原型所触发的创作。

1921 年前后，黑塞的生活仍然笼罩着某种阴影。他的小说《悉达多》的创作也受到困阻。于是，他直接找荣格寻求帮助。在库斯纳赫特的家中，荣格与黑塞一起做了数周的心理分析。根据前面所引用的贡特·保曼（Gunter Baumann）论文中的资料，黑塞对于他和荣格所做的心理分析给予了十分积极的评价。他承认自己当时仍然经历着严重的心理困难，包括难以承受的生活危机和痛苦的内心冲突。他在 1921 年 4 月写给友人鲍尔夫妇（Hugo and Emmy Ball）的信中提到他在荣格那里的心理分析，并且说："我要再停留长一些的时间。我开始吃的果子必须要吃完，荣格博士给我留下了深刻的印象。"同时，黑塞也明确告诉他的朋友，与荣格一起的心理分析是有效的，正是他所需要的帮助。

1923 年，黑塞放弃了其德国国籍，不久也与分居的妻子正式离婚。黑塞自己不仅身受坐骨神经病痛和风湿病的折磨，而且又重受抑郁和自杀情绪的影响。从 1925 年开始，黑塞重新与朗昂做分析性心理治疗，前后持续了 2 年左右。实际上，这也是黑塞创作其《荒原狼》的时期，孤独与乡愁是荒原狼的呐喊，也是黑塞的挣扎；自杀与寻求生路是荒原狼的彷徨，也是黑塞的迷惘。在此期间，黑塞所经历的心理分析具有多重的意义。对于黑塞来说，朗昂不仅仅是他的心理医生，也是他的知心朋友，而且是他在经受像狼一样的"冬季荒原之流浪"时的坐标和向导。正如黑塞在 1941 年《荒原狼》瑞士版后记中所说："荒原狼的故事写的虽然是疾病和危机，但是，它描写的并不是毁灭，不是通向死亡的危机，恰恰相反，它描写的是治疗。"

在我们所理解的心理分析中，治疗和治愈也意味着发展，意味着心性的成长和人格的完善。黑塞在与荣格和朗昂的心理分析过程中所获得的治愈与发展性体验，充分展现在他的文学创作中。其中有面对阴影在黑暗中的求索，也有内在心灵意象的指引，也有超越与整合的自性化经历。

（三）黑塞的心理分析感受

黑塞的心理分析感受，可以从其作品中得以体现。我们也可以根据黑塞创作的线索，从《德米安》到《荒原狼》，从《东方之旅》到《玻璃球游戏》，来体会其中所包含的心理分析的意义。

1. 面对阴影：黑暗中的求索

荣格用阴影（shadow）来描述我们自己内心深处隐藏的阴暗或无意识层面的人格特征。阴影的组成或是由于意识自我的压抑，或是意识自我从未认识到的部分，但大多是让我们的意识自我觉得蒙羞或难堪的内容。诺伊曼在其“关于阴影的看法”一文中说，“阴影是人格未知的方面，它通常以黑暗的形式、以怪模怪样的邪恶图形来面临自我，面临光明面和意识的中心和代表——对它们的面临对个体来说总是一次重大的经历。”[①] 在心理分析的意义上，若是能够具有面对阴影的勇气，通过阴影的挑战，那么往往就可以从阴影中获取积极的力量。德特勒夫森和达尔克在其合著的《疾病的希望》中，发挥了这种关于阴影的心理学观点：“阴影会使人生病；同阴影的交锋会使人康复！这是理解疾病和治愈的关键！一个病症永远是一个具体的阴影部分。”[②]

在黑塞的《德米安》中，从其第一章开始我们就可以看到一个鲜明的对比，辛克莱在孩童时代就面临着两个世界的存在，一个是他中产阶级的家庭，一切井井有条，另一个是仆人和劳工的世界，在那里，充满醉鬼、泼妇、谋杀和痛苦。流浪儿克罗默就是来自这个可怕阴暗的世界。开始的时候辛克莱认为这个世界很黑暗，克罗默很堕落，但后来他发现这正是他自己的阴影。德米安告诉了他该隐和亚伯的故事，并作了重新解释。他认为圣经故事是对事实的歪曲，也许该隐并不是一个由于嫉妒而杀害自己亲兄弟的恶棍，也许他的勇猛和智慧使人惧怕，人们才编造出这样的故事为自己的懦弱开脱。通过这个故事，辛克莱认识到走向黑暗世界并不一定意味着邪恶，也许还是勇猛或智慧的表达。

---

① 诺伊曼：《深度心理学与新道德》，115页，上海，东方出版社，1998。

② 德特勒夫森、达尔克：《疾病的希望》，46页，沈阳，春风文艺出版社，1999。

“阴影与我们同在……我们在某个地方有一个邪恶而可怕的兄弟，那是我们血肉之躯的复本。”[1]这很像黑塞的文笔，但却是荣格的表达。在《克莱恩和瓦格纳》中，小职员克莱恩也发现在他拘谨的外表后面隐藏着一个成为顽童和谋杀者的欲望。他把他的阴影叫做瓦尔纳。而席特哈尔塔在他第三个阶段对世俗的学习里，遇到了他的阴影却是酒鬼、赌徒、世俗贪婪的商人。甚至在看起来手无缚鸡之力的艺术家歌德蒙德那里，阴影也会促使他间歇性地发生暴力事件。在《荒原狼》里就更明显了，哈里也意识到在他高度理智化的背后是一个兽性的生灵，仅仅“想寂寞孤独地走过，不时地吸血，悄悄地追踪一头母狼”。他不得不在文明人和狼的争论中度日，作为人，他是理智的，富于人性的，他痛恨自身的狼性；作为狼，他是粗野不驯的，肆意妄为的。但是有时他们又能和平共处，彼此互补，他发现两种倾向的和谐共存使他与神更接近。黑塞在其《荒原狼》瑞士版的跋中写道：在此之前的小说里，我一心想表现一个美而和谐的世界，避而不谈内心那些黑暗、混乱的方面，只强调敬畏之心，高尚的品格，因而压制了千万种真理，使我自己作为诗人和作为人都感到疲惫和沮丧。承认恶的存在是为了更好地了解它们。

在心理分析的意义上来说，阴影并不完全只是消极的存在，意识到阴影存在本身，已经具有某种积极的意义；面对与认识阴影需要勇气，正是勇者的风度。阴影中包含着许多本能的内容及其能量，原始与幼稚的心理特点，以及阴暗之中的玄妙。觉察自己的阴影，乃至达到某种心理的整合，也是心理分析过程中重要的工作目标。

2.“阿尼玛”意象：心灵的指引

在荣格的分析心理学体系中，“阿尼玛”（anima）被看做最重要的一种原型意象（archetypal images）。荣格认为，无意识的内容一旦被觉察，它便以意象的象征形式呈现给意识。而这种象征性的意象，包含着人类精神发展的创造性源泉。而就个体心理分析过程中的“阿尼玛”意象而言，往往被视为心灵的指引。

“阿尼玛”不仅是男人的内在女性，而且也是心灵的象征。“阿尼玛”意象能够引导男性到其灵魂深处，使其获得创造性的动力。在荣格的分析心理学理论中，“阿尼玛”的发展有四个阶段：夏娃（男性的母亲情结）、海伦

---

① Jung C. G., *Two Essayson Analytical Psychology*, Bolingen Series XX, Pantheon Book, 1953, p. 38.

(性爱的对象)、玛丽亚(爱恋中的神性)和索非亚(男人内在的创造力)。对此我们可以在黑塞的作品中看到她们的身影及其作用。比如,在《德米安》中,我们可以看到与但丁《神曲》相似的情节,首先出现的小女孩把辛克莱从悲伤抑郁中拯救出来,从地狱引领上天堂。后来他意识到那个热情洋溢受人尊敬的伊娃夫人只是他内在的一个象征,通过投射到她身上的这种爆发性的活力,他体验到了一个理想主义者的复活。而在情人卡玛拉的影响下,席特哈尔塔则从一个非常理性的人转变成一个能感受世界的感性的人。

在《荒原狼》中,赫尔米娜(Hermine)这一名字是黑塞本人名字的女性化形式,也正是他自身"阿尼玛"意象的体现。赫尔米娜引领哈里从其绝望与自杀的边缘,重返于充满希望的生活和爱情中去。在《纳尔乔斯和歌德蒙德》中也有同样的寓意,当黑塞把"追求永恒的母亲"作为歌尔蒙德风流行为的动力时,"阿尼玛"的意义就显现了,而且,歌尔蒙德对生活矛盾的解释也是和母亲原型有关的。尽管黑塞后期的作品中女性人物较少,但"阿尼玛"的原型仍然存在,如在《东方之旅》中,记录者说他的生活目标便是去获得一位美丽公主的垂青。"内在的女性引领我们向前"是歌德的浮士德体会,也是黑塞心目中的英雄们的感受。

3. 超越与整合:自性化过程

在荣格的心理分析理论中,"自性化"(individuation)所要表达的是一种过程:一个人最终成为他自己,成为一种整合性的,不可分割的,但又不同于他人的发展过程。安德鲁·塞缪斯(Andrew Samuels)在其《荣格心理分析评论词典》中曾作过这样的定义:"自性化过程是围绕以自性为人格核心的一种整合过程。换句话说,使一个人能够意识到他或她在哪些方面具有独特性,同时又是一个普普通通的男女。"[①]

自性寓意着一种超越,超越于人格所呈现的面具与阴影,获得一种内在的心理整合性。黑塞在其《玻璃球游戏》中所展现的,不仅仅是一种综合的科学和艺术,而且是一种"使心灵趋向宇宙整体目标的运动"。正如书中的克乃西特所说的:"其实在任何情况下也没有人能到达真理的最深之处,我们只能到达我们自性的最深处。"黑塞也曾直接表示说:"我所有的作品都不是为着某种目的或为着某种倾向而写的,但是如果现在让我回过头来找一个所有作品共同的意义的话,从卡门钦特到荒原狼再到约瑟

① Samuelsa, *A Critical Dictionary of Jungian Analysis*, London and New York: Routledge, 1997, pp. 76－79.

夫·克乃西特（《玻璃球游戏》），都可以解释为对个人人格和对个体本身的捍卫（或者也可看做窘迫中的呐喊）。”黑塞深信：“在共同的生活中，人不会成为羊群中的一只羊，而是能够保持他作为独一无二的人的尊严、美丽和悲剧性。”

我们不仅可以在黑塞的《玻璃球游戏》中看到心理分析所崇尚的自性与整合的目的，在黑塞的《德米安》、《荒原狼》和《东方之旅》等作品中，也都包含着这一主题。注重精神生活者的孤独以及他们的需要，把个人的生活和行为加入超越个人的整体之中，是黑塞持久的努力。瑞典皇家学会主席斯格尔德·库尔曼在黑塞获诺贝尔奖的时候，称黑塞为我们提供了摆脱精神困境的道路。黑塞借《玻璃球游戏》里年轻的主人公克乃西特的格言向我们呼喊着超越与整合的意义与价值。

晚年的黑塞

1946年黑塞被授予诺贝尔文学奖的理由，是他那充满灵性的创作所包含的深刻思想，所体现的高尚人格。对于黑塞来说，这也是他的生活，包含着他的心理分析体验。正如他在《玻璃球游戏》中借克乃西特做的总结：我们只能到达我们自性的最深处。这也正如他在“通往内在之路”中的表达：

谁能找到通向内部之路，

谁能再热烈地钻进自我之中
曾预感到智慧的核心，
使他的心把神和世界
只不过当作比喻和象征：
那么，一切行动和思维，
就成为他跟包含世界与神的、自己的灵魂之间的对话。[①]

三、荣格与保利：原子与原型

我们用“原子与原型”来表述保利与心理分析的特殊经历。这也是保利与荣格通信集的标题，其中收录了保利与荣格 26 年（1932—1958 年）中的 80 封往来信件，英文版于 2001 年由普林斯顿大学出版社出版。

《原子与原型》一书的封面

沃尔夫冈·保利（Wolfgang Pauli）1900 年出生，1958 年去世，1945

① 《黑塞抒情诗选》，天津，百花文艺出版社，1989。

年以其著名的“保利不相容原理”获得诺贝尔物理学奖。尽管保利在其物理学的世界中不断追求着完美，但是他的现实生活却遭受着压力和分裂，一度经历了严重的心理危机。1930 年他向荣格寻求帮助，开始了他的心理分析经历与实践。

沃尔夫冈·保利（Wolfgang Pauli，1900—1958）

荣格曾在其 1935 年的英国伦敦塔维斯托克的讲演中，匿名使用了保利的个案。荣格当时是这样介绍保利的：

> 我有这样一位病人。他在大学工作，异常偏重智力。于是他的无意识成了问题，这些问题不断被激活。他把自己的阴影投射到了他人身上，把许多人都看成自己的敌人，而他自己也变得异常孤独，因为在他看来，几乎所有的人都在与他作对。于是，他开始酗酒，想着能借酒消愁。但实际上是使问题更糟，他开始到处与人争吵……有一次，他在争吵中被人从餐馆扔了出来，遭受了毒打。[①]

荣格介绍说，这种事情随后不断发生，最后保利忍受不住便来找荣格寻求心理帮助，做心理分析。荣格说，我在第一次见他之后，便有这样一个印象，在保利的内心世界中，充满了原型的材料。

在保利与荣格进行心理分析的过程中，共记下了 1 300 个梦。荣格浏览了保利所记录的梦，并且对其中的 400 个梦进行了研究与分析。

第 1 个梦：

---

① 荣格：《分析心理学的理论与实践》，188～191 页。

保利梦到自己在一个社交场合……要离开的时候，他拿错了帽子，把一个不认识的人的帽子戴在了自己的头上。

荣格认为，戴在头上的帽子具有十分重要的象征意义。帽子所盖住的，不仅仅是头，也是“首脑”，是人格的顶端。梦中拿错了别人的帽子戴在自己的头上，或许意味着梦者将要进行一种“陌生”的人格体验，体验自己的另外一种存在。

第 2 个梦：

保利梦到自己乘火车旅行……他站在窗口，挡住了其他乘客观赏窗外风景的视线，自己不得已要躲开。

梦者梦到旅行，意味着某种行程的开始，或“启动”了某种过程。在梦中，梦者挡住了他后面乘客的视线，而“后面”是我们所看不到的，可称之为“无意识”的方向。

梦者躲开了所挡住的“窗口”，也就意味着为无意识的出现或呈现让开了道路。

第 3 个“梦”是保利临睡前的意象：

他感觉自己仿佛是站在海滩上。海水冲上了陆地，到处漫延。随后，保利感到自己身处一个孤岛上。

荣格的分析：海是集体无意识的象征……而海水的蔓延，意味着来自无意识的人格阴影部分的侵入。

第 4 个梦：

保利梦到自己被一群模糊的女性围着。有一个内在的声音冒出来：“首先，我必须要离开父亲。”

荣格用了一幅插图，并做了如下的分析：

在此梦中，心灵的气氛被中世纪所称的“女妖们”鼓动了起来。而梦中的“女妖”，象征着无意识的存在。荣格认为，传统的男性世界是以智力和理性为主导的，而梦中所显示的则是女性的无意识世界的指引。

…………

第 10 个“梦”，保利描绘了自己的一个视觉意象，一个陌生的女人，站在牧羊的山腰，为他指引着方向。

荣格认为，出现在保利意象中的陌生女人，正是其内在女性“阿尼玛”的象征。为此，荣格用了后面 139 页的图来表示这内在“阿尼玛”的指引。

而荣格则利用保利的梦和分析资料，完成了其《心理学与炼金术》的第二部分：Individual Dream Symbolism in Relation to Alchemy：A Study

被仙女们围住的 **Poliphile**

of the Unconscious Profess at Work in Dreams。

在《心理学与炼金术》中，荣格说，他仔细地研究了保利 1 300 个梦中前面的 400 个，以及附带的一些意象。因为保利自发地使用积极想象，常把自己的意象用绘画呈现出来。这些梦和意象是保利花 10 个月左右的时间完成的。

保利是一位“杰出的病人”，他把自己的物理学才华也尽心用到了他的心理分析，以及他对心理分析的独到见解中。进行心理分析几个月后，荣格曾介绍说，（保利）不仅仅记录与自发地表达了数百个梦，“而且甚至是自发地把积极想象应用到了自己的分析中……他具有哲学家的自然素养，以象征性的方式解决了自己所面临的许多问题。”①

荣格说：“用这样的方式探讨了自己的无意识之后，他变得完全正常，恢复了理智。他不再饮酒，能够自我调节，在各方面都恢复了正常。这个变化的理由很明显：这个人是一个未婚者，一直过着狭小的书斋生活，他自然有某些欲望和要求，但他完全没有风流韵事的经验，因为他不能区分自己的感情。他在女人面前出了一次丑以后，自然不再得到女性的青睐。

① 荣格：《分析心理学的理论与实践》，189～191 页。

意象中的“牧羊”，被荣格分析为“童性”或“幼稚”的寓意，
衬托出前面引路的“阿尼玛”的意义和作用

后来男人们也不喜欢他，所以他感到很孤独。但现在他已经找到使自己神往的东西；他有了新的兴趣中心。他不久后发现，自己的梦都指向某种意味深长的事物，这就更激发了他的直觉和科学兴趣。他不再感到自己是迷失的羔羊。他想：‘我傍晚把这些分析工作做完之后，就去书房，我就能明白发生了些什么。我要研究我的梦，还会发现奇特的东西。’”

荣格说：他对自己的无意识真正下了一番工夫，而且科学地分析了自己的意象。

保利与荣格的心理分析并非是常规的那种，其中的自我探索与自我治愈得到了充分的体现。很多时候都是保利自己分析与解决自己所面临的问题，不定期地与荣格做当面的分析。数月之后，荣格认为保利已经获得了最初的治愈："他已经成为完美的正常与理性的人。他不再酗酒，完全适应他的环境与工作，完全恢复了正常……他也有了新的兴趣与热情。"①

但是，保利与荣格仍然保持着联系与友谊，不再是严格意义上的心理分析，而是相互的学习与共同的发展；他们相互比较各自的专业见解，共同探讨人类心灵深处与自然现象的奥秘。保利深受荣格提出的"共时性"理论的吸引，而荣格则十分赞赏保利对于原型与集体无意识理论的独到见解。两人曾于1952年合作出版了《自然与心灵的阐释》（*The Interpretation of Nature and the Psyche*）一书，对于心理学和物理学都极富有启迪。

保利曾被玻尔称作"物理学的良知"，他具有杰出的敏锐和审慎，所谓的"保利效应"，也表现了他对于真理与实验的执著与追求。若是能够听到保利说："哦，这竟然没什么错"的时候，那么就是极高的赞许了。有一则笑话说，保利死后去见上帝，上帝把自己对世界的设计方案给他看，保利看完后耸耸肩，说道："你本来可以做得更好些……"

保利与荣格一样，都喜欢抽烟斗

① 荣格：《分析心理学的理论与实践》，188～191页。

上帝在人们的心中，我们本来都是可以把生活安排得更好一些，本来都是可以做更好的心理分析，完成我们的治愈与发展的实践。

四、荣格与克里斯蒂安娜：意象与灵感

1930—1934 年，荣格在瑞士苏黎世的心理俱乐部用英文做了题名为“解析意象”的讲座。该讲座的内容直到 1997 年才被克莱尔·道格拉斯(Claire Douglas) 编辑整理，以《意象：荣格 1930—1934 年研讨会记录》为书名正式出版。在这之前，有关的讲座内容只是作为不外借的内部参考文献，存放在少数几个荣格心理分析研究院的图书馆。这是继荣格的《梦的研讨》(1928—1930) 之后，荣格系统地表达与阐述其思想和理论体系的最重要的系列讲座。

讲座持续了 5 年之久，出版的“实录”多达 1 400 多页，这都是围绕一个“病人”及其个案展开的。该病人是克里斯蒂安娜·摩根 (Christiana Morgan)。正如安娜·O 帮助弗洛伊德完成了他的潜意识发现那样，克里斯蒂安娜帮助荣格实现了他集体无意识以及原型意象的考察与探索。

荣格在开始其系列讲座之前，曾这样介绍他的“病人”(克里斯蒂安娜)：

“我们的病人是一位 30 岁左右的女性，有着很高的教育素养，非常聪明，典型的高智力，具有天才般的数学头脑。她所学的专业是自然科学，极富理性。她有着很多直觉，本应该有所发挥，但由于其非理性的成分或与她理性自我的不协调而受到压抑。”

“这位病人在其 30 岁左右的时候陷入危机。这也是命运关照她，让她有机会来关注内心，来整合与发展自我。尽管表面上看起来，病人的婚姻和工作都没有什么问题，生活的各个方面都显得很不错……但是，她正处于严重的孤独状态，正经历着严重的心理危机。”

克里斯蒂安娜是在 1926 年前后，与荣格开始进行心理分析的，当时她 28 岁。她不但经历着自己的生活危机，而且患上了抑郁症。分析开始后不久，克里斯蒂安娜做了这样一个梦：

(病人陈述的第一个梦)：“我正想弹琴，家里所有其他的人都来干扰。我站在阳台上，遥望着大海，旁边桌上的一位富有的犹太人也开始演奏音乐。他的演奏是如此美妙，我让自己停下来，听他的音乐。”

一般来说，病人带给心理分析家的第一个梦总是特别重要的。荣格与参加讲座的学生，对该梦进行了这样的分析与讨论：

克里斯蒂安娜·摩根（Christiana Morgan）

音乐意味着情感……在现实的生活中，病人的智力与思维性强，于是，在梦中，其现实中呈弱势的情感就自然而然地出现。梦也带出了病人的问题，情感及其表达受到了压抑与阻挠。

于是，病人在演奏音乐，实际上是要演奏或表达其情感。梦中这样的表现，也是无意识的补偿作用。但是，当她要演奏与表达自己情感的时候，家里的人都进行干扰与反对。在现实生活中，病人尽管有婚姻，但只有形式上的结婚而没有感情的结合。她与自己心目中所爱恋的男人有着亲密的感情，却不能公开表达。

梦中富有的犹太人，是病人内在的无意识“男人意象”——“阿尼姆斯”。病人“阿尼姆斯”的富有，表明其具有很大的能量，掌控着病人很多内在的领地。同时，这“阿尼姆斯”也拥有着他的情感与感受。于是，在心理分析的意义上，对于此“阿尼姆斯”的接触、认识与沟通，可以释放出被他所控制的情感，也正是病人现实生活中所缺乏的情感。

在分析的过程中，荣格对病人说：“嗯，你的‘阿尼姆斯’在梦中表现了。可以这样说，很长一段时间你对此并没有怎么留意，你没有关注自己的财富，你没有关注自己内在的感情。你自己的某些部分丢在了无意识中，被‘阿尼姆斯’抓住了，被‘阿尼姆斯’摄取了。他因而又强壮起来，开始争斗了。”

过了一段时间，病人又带来了这样一个梦：

（病人的第二个梦）：“我正要去看住在海边的一位医生。我迷路了，绝望地要人们领我到正确的路上，使我能够找到医生。”

荣格分析说：这梦中的“医生”，仍然是病人“阿尼姆斯”的新的表现。这次他不再是位音乐演奏者，而是一位治愈者。实际上，随着心理分析过程的发展与深入，这种作为原型意象的“阿尼姆斯”，会有许多不同形式的变化。

在分析了第二个梦之后，克里斯蒂安娜开始进入一种类似“自我催眠”的状态。在这种状态中，她的脑海中自动出现了一些画面：一只美丽的孔雀栖息在一个男人的背上，孔雀的嘴正指向那男人的脖了。当这幅画面消失的时候，接着出现了另一幅画面：她观望着自己，看着自己鞋子上一个很大的洞，心想这鞋子太旧了，不能再穿了。

荣格当时是这样给病人做分析的。在克里斯蒂安娜自发出现这些“意象”之后，荣格告诉她，这些意象是她的意识与其弱势人格交流的特别途径。荣格说：“那么这些出现的意象，是你的弱势人格功能、情感与感受，在向你说话的途径。它是以某种预言式的方式在和你说话，你也必须把它作为预言一样来听……而这些意象表明，现在你的情感与感受功能能够参与这些意象，并且能够帮助你……我能感觉到你如此的沉静，你是很特殊的。这样做你也是在滋养心灵，你付出了一些里比多在其中。因此，你再也不能被摧毁了……现在你正创造自己，而不是毁灭自己……”

接着，随着分析的进展，克里斯蒂安娜遇到了更多的意象：射向月亮的弓箭，带有八角车轮光环的人头，正在用双筒酒杯饮酒的阴影，印第安人的帐篷，等等。荣格帮助克里斯蒂安娜在一种心理与文化的层面来分析与理解这些意象。

荣格说：“这些意象传达着某种原始魔术起源的信息。那么你现在开始接触你真正的自我了。是的，你转向了视察内心。你像用你外在的眼睛那样开始用你内在的眼睛，于是你也就会获悉生命的全部，生命背后的生命。你的双筒酒杯的意象就说明了这一点。你可以喝那两方面的酒。带有车轮光环的人意味着自性化过程的开始。八角的车轮在这里表示八种功能，车轮是表示灵魂的古老象征……月亮与弓箭是通过性欲所表达的灵气。印第安人的帐篷是一种原始的房屋，象征的是无意识。”

几年之后，克里斯蒂安娜在完成与荣格一起的心理分析之后回到美国哈佛大学，依然在其创造中发挥着她的聪明才智，为哈佛大学的心理学发展做出了重要的贡献，尤其是对于亨利·默里（Henry Murray）的人格心理学体系及其主题统觉测验，提供了十分重要的帮助。克里斯蒂安娜也在其创造性的工作中获得了浪漫的感情生活。

克里斯蒂安娜的个案是荣格积极想象技术的发挥和运用。克里斯蒂安娜充分运用了她的才华，不仅仅描绘出了自己的各种意象，而且详尽地记录了荣格对她的分析与指导。荣格的集体无意识、原型意象等理论的有效性，在这种治愈与心性发展的过程中获得了见证。编辑出版《意象：荣格1930—1934年研讨会记录》的克莱尔·道格拉斯博士认为，荣格通过其“解析意象”的讲座，通过被分析者克里斯蒂安娜·摩根的临床资料，依靠积极想象的技术，完成了他的原型心理学。

下面是克里斯蒂安娜·摩根自己为其心理分析意象所作的绘画。

举步维艰

克里斯蒂安娜对于自己内在意象的描绘，背负着男人，背负着生活的压力，背负着整个世界……出自荣格的《意象分析》。

受困于无意识情结

经受内在的洗礼与考验

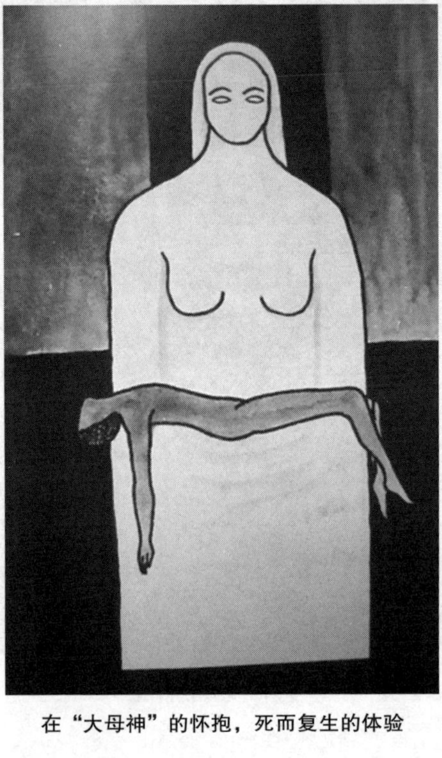
在“大母神”的怀抱，死而复生的体验

面向阳光的生长

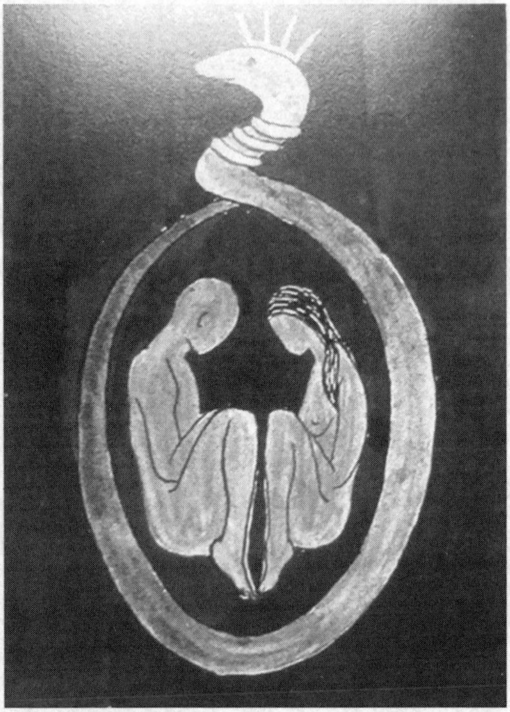

内在生命的孕育

曼荼罗与自性体验

五、分析与转化

这是从另外一个角度来看心理分析的目的与实践。荣格把心理分析的过程划分为四个阶段：倾诉（confession）、阐释（elucidation）、辅导（education）、转化（transformation）。尽管心理分析是一个完整的过程，但是，不同的阶段会有不同的目标，会有不同的需要完成的任务与不同的工作特点。对此，我们可以逐一来进行分析与阐述。

（一）倾诉中的开始

荣格在其《寻求灵魂的现代人》（1955）一书中，以“倾诉”为第一阶段开始其对于心理分析与心理治疗的阐述。实际上，这也是西方精神分析最初形成的“宣泄疗法”的基本作用与效果。由于心理分析的倾诉与宗教意义上的忏悔有着某种内在的联系，因此，我们也将讨论有关的问题，比较其相似，阐释其不同。

1. 倾诉与忏悔

在西方的文化传统中，心理分析的“倾诉”源自于宗教性的“忏悔”，使用的是同一个词语：confession，反映的是同一种深层的心理需要，释放被压抑的原罪感。

就宗教意义的忏悔而言，所涉及的“原罪”概念，开始于伊甸园亚当与夏娃因受蛇的诱惑而犯下的过错，象征着人类从天堂的堕落，以及由此而产生的一切苦难的根源。于是，在原罪的意义上，人人都有其过错，都需要忏悔。而忏悔的作用，也就是开始坦白自己的错误从而悔过自新的过程。

把这样一种过程纳入心理分析的考虑，人类从其原罪开始，也就开始了隐藏秘密的习惯。隐藏也意味着压抑，意味着不能分享，于是就导致了个体与整体的分化或异化。荣格曾分析说：“一个与数人分享的秘密有着很大的好处，但一个纯粹私人的秘密却有着破坏性的后果。它就像一种罪孽感一样把它那不幸的拥有者同其同胞们的联络割裂开来。”[①] 于是，在心理分析的意义上，意识到我们自己所隐藏的秘密，或了解我们自己所压抑的内容，就会降低这种隐藏与压抑所带来的消极影响。不然，完全退隐在

① 荣格：《寻求灵魂的现代人》，37 页，贵阳，贵州人民出版社，1987。

《一位意大利妇人的忏悔》，布鲁罗夫（Karl Brulloff）作

无意识中的"秘密"、"罪恶感"或"被压抑的内容"，就会聚变为"情结"或"心理疾患"。荣格曾总结说："一种神经症极有可能是因为秘密占据了优势而造成的，而另一种神经症则是由于受抑制的感情占上风所致。"

刻意地隐藏过错，以及压抑与控制情感，都可能造成心理上的超负荷从而演化成病症。于是，"倾诉"也就有了认识所隐藏的内容、释放被压抑情感的积极作用。

2. 心理分析与宗教

但是，尽管倾诉与忏悔具有共同的心理根源，心理医生与宗教人士却有着不同的工作目标。荣格曾在其“心理分析和治愈灵魂”（1928）一文中，专门比较了心理分析和牧师关怀的相似与不同。

就其相似而言，体现在两者都是以“治愈灵魂”为目的。但是，其最大的不同之处在于，对于心理分析来说，获得“治愈灵魂”的目标，主要是通过对无意识的分析与把握；而对于牧师的工作来说，无意识则是被忽视，甚至是被压抑的。同样的事实，也适用于心理分析与常规教育之间的不同。

实际上，他们的工作看起来相似，但仍然有着很大的区别。牧师或宗教人士对于“灵魂的治愈”，以在其宗教信仰基础上的忏悔为途径；而心理分析则主要是一种医治的努力，以揭示与解释无意识的内容，并将其整合到意识自我中为工作目标。

弗洛伊德的精神分析学说自产生之后，也对许多宗教的“忏悔”及其“灵魂的治愈”过程产生了影响。“无意识”的意义和作用逐渐受到重视，有关探索与揭示无意识的方法也陆续被采用。但是，尽管存在着相互的影响，心理分析与宗教仍然有着其各自不同的领域、不同的方式与途径、不同的工作目标。

3. 宣泄法的作用与效果

作为心理分析之第一个阶段的“倾诉”及其作用，导致了其最初的治疗方法的出现，也即“宣泄疗法”。这本来是布洛伊尔（Josef Breuer）与安娜·O工作的收获，被形象地形容成“talking cure”（“倾诉疗法”）和“chimney-sweeping”（“扫烟囱”）。

弗洛伊德把这种宣泄疗法从催眠术中独立了出来，并将其对于无意识心理学的理解赋予其中。彻底的宣泄有助于缓解病症，也即能够起到释放被压抑的情感或心理内容的作用；宣泄也有助于对问题症结的发现，因为其中会显露出许多无意识的线索，会给我们带来许多观察无意识运作的机会。

有这样一个古希腊的谚语：“放弃你所有的，然后你才能获得。”荣格说，我们完全可以把这句谚语作为心理治疗第一阶段的警句。他认为，西方精神分析的开端，基本上是对一个古老的真理做出了科学的再发现而已。

被分析者的“病症”可能会被“说掉”（talked away），这也是宣泄法的直接效果，但是病因却需要更多的工作与专业努力，对此我们将会在“阐释与辅导”以及“分析与转化”中看到。

安娜·O，1880

（二）“阐释”与“辅导”

“宣泄法”尽管有效，但只能满足倾诉阶段的心理分析任务。随之而出现的新的问题，比如“移情”，则需要新的理解与新的方法。于是，这也就带出了“阐释”或“解释”，以及“辅导”或“教育”的阶段性特点与方法性意义。

1. 面对“移情”

布洛伊尔成功地用宣泄法医治了安娜·O，但是，“意外”的事情发生了，被治疗的病人爱上了自己的心理分析师，表现出了热恋般的行为。这也就是所谓的“移情”现象。即使是在麦斯麦与帕拉蒂斯的个案中，被治好了眼睛的帕拉蒂斯就是不愿意离开自己的医生，即使面对父母的相劝或社会舆论责备的压力也在所不惜。

本来，通过倾诉阶段“宣泄疗法”的运用，病人的症状往往已经得到了有效的缓解，但是，由于移情现象的发生，以及由此带来的多种后果，会使得治疗陷入困境或僵局。由于移情以及对移情的不理解，麦斯麦不得不放弃他在维也纳的一切而背井离乡；同样，布洛伊尔也放弃了他对安娜·O的治疗，使得本来已经好转的安娜·O重新陷入危机。于是，如何面对“移情”，以及如何理解和解释移情，就具有重要的方法性的意义和治疗性的目的。

荣格曾评论说：“就移情这一问题而言，借助倾诉的方法不能给我们带来任何结果。正是这一点促使弗洛伊德对布洛伊尔原有的宣泄技术进行了根本性的革新，从而得出了他自己所宣称的‘解释法’（interpretative method）。”[①] 而通过“解释”或“阐释”，也就把心理分析带入了新的阶段。

2. 解释与阐释

对于“移情”的解释，实际上也是在发挥无意识的心理学意义，尤其是其治疗的作用。对此，弗洛伊德做出了富有创意的突破，他发现了移情背后的真正动因，也即潜意识中的内容，包括幼儿性欲的发展与挫折等。

于是，病人的移情就被理解和解释为其早期童年需要或冲突的一种重复。通过移情，病人在心理分析师身上重新体验其婴幼年与父母的那种爱恋、怨恨、发泄与挫折。因而，作为对移情的解释方法，就要向病人说明其对于心理分析师的爱恋或怨恨，尽管客观上发生了，但都不是实在与真实的，因为其中的感情或情感，并非是由于目前的现实状态产生的，而仅仅是重复以往尤其是童年的经历和体验。

荣格把“解释”（interpretation）称为“弗洛伊德阶段”，而他自己倾向于使用“阐释”（elucidation）这一术语。但是，两者之间的专业技术并没有必然的冲突。弗洛伊德在使用解释方法的时候，赋予它一种还原的性质，主要执著于过去，并且突出移情的动力关系。于是，这种对于移情等心理分析中所出现的状况进行解释的目的，在于促成一种重要的心理治疗效应的发生，也即把所重复的童年经历转化为记忆，这本身便属于移情方法的最重要的部分。荣格在接受弗洛伊德对移情解释的基础上，使用阐释而赋予了对“阴影”等更多内容分析的意义，包括以发展或未来取向来补充还原取向。理解与阐明移情与阴影等现象背后的真正的原因，包括理解病症的表现，以及病症背后的原因，便构成了解释或阐释阶段的主要工作目标。

---

① 荣格：《寻求灵魂的现代人》，45页。

弗洛伊德

3. 辅导的作用

人们普遍称心理分析为“深度心理学”，其中理由之一是由于其分析工作的逐渐深入或者是所面对问题思考的不断深入。从倾诉开始，当面对移情的时候，需要专业的解释或阐释，这是工作的深入。而当解释清楚了移情及其有关的现象，无意识的意义和象征性的内容，被分析者仍然不能接受，或接受但仍然不能产生治愈效果的时候，自然就涉及了新的阶段与新的工作目标，也即“辅导”、“教育”或“教化”的作用。

荣格这样说过，“依靠解释我们可以更加深入一些，这比起只依靠未经解释的倾诉要进一步……但是，在很多情况下，最彻底的解释也只能做到使病人完成理解，他们依然还会像孩子一样无能为力。”① 对于病人来说，只是知道了自己是怎样生病，甚至知道了自己为什么会生病，都显然还不足以能够最终解决问题。当面对辅导或教育的问题及其意义的时候，荣格十分欣赏阿德勒的努力。他曾有这样的评论：“如果说弗洛伊德是一个调查者和解释者，那么阿德勒则主要是一个教育家。他拒绝把病人继续留在一种小孩的状态中，尽管已经获得了一切宝贵的认识和理解，但却依然无能为力；他尝试着每一种教育的方法，以使病人变成正常适应的人。”

① 荣格：《寻求灵魂的现代人》，49 页。

阿德勒

实际上，这符合心理分析之“治愈与发展”的基本主张，我们在“安其所安与心理教育”中也是阐述同样的问题及其意义。于是，通过辅导或教育帮助病人的发展，包括其对无意识的容纳与接受，以及其意识自我的增强与扩展，都是辅导阶段的重要工作目标。

（三）分析中的转化

“转化”是心理分析过程的第四个阶段。在前面三个不同的阶段中，“倾诉”、“阐释”和“辅导”，心理分析的阶段性目标可以表现在这样几个方面：（1）缓解羞怯和罪恶感，使得正常意识自我开始发挥作用；（2）恢复那些一直被压抑和排除在知觉之外的破碎经验，有时还会是创伤性和痛苦的经验，以便获得对自己和自己历史的整体印象，收回以往的心理投射（特别是对父母形象的投射）；（3）通过整合那些长期被封闭在潜意识中的能量，来获得心理平衡，促进心理机制的效能。

在倾诉阶段，我们比较了“忏悔”的作用，倾诉与忏悔一样，都可以回溯到某种深远的宗教与文化的心理根源。随之而来的“阐释”，则主要体现了弗洛伊德对于移情现象解释的技术与经验。而在“辅导”阶段，则更多地表现了阿德勒的精神分析理念与思想。那么，接下来，在“转化”阶段，则更多地包含荣格及其分析心理学家们的共识与努力。

1. “分析”的意义

荣格及荣格学派分析心理学家所使用的“分析”（analysis）一词，属于荣格自己心路历程的一种经验性传统。1913 年与弗洛伊德分裂之后，荣格选用了“分析”，来表述其所从事的心理分析的研究与工作，以区别于弗洛伊德的“精神分析”（psychoanalysis），后来便被用来正式表述其“分析心理学”（analytic psychology）。

西文的“分析”（analysis）容易让人联想到有关的化学过程，实际上化学是能够给予心理分析很多启示的。如果化学的分析是要揭示某种物质的基本元素与成分，那么心理的分析就是要揭示一个人心灵的基本类型、基本过程以及基本内容。

在心理分析的过程中，“分析”的化学含义可以得到这样的一种体现，在专业性安全和稳定的心理分析模式中，被分析者将能够有机会体验一种心理的溶解（analysis 一词源自希腊语的 analyein，意思即是“溶解”）。这种“溶解”也包含着僵化的意识结构开始松动，无意识的内容开始逐渐融入，并且将会发生新的分解与组合。

就汉语的“分析”而言，我们在第一章曾有专门的阐释。“分”字具有古朴的“八”之内涵，其义深远不可尽述，后加“刀”字以示解析，于是也就包含了“分”、“明”的意义。“析”字之义通“悉”，音亦然。而“悉”字不仅仅包含“采心”的象形，而且包含着“洞悉”与“尽悉”的蕴涵。庄子曾有“判天地之美，析万物之理”的佳句，中国文化中亦包含着心理分析的天然道理。

2. 相互的影响

心理分析不仅仅是对被分析者的医治，同时也包含着心理分析师本人的心理成长，这是一种双向的动力过程。我自己倾向于从一种广义的角度来看“移情”，其中便包含着感情因素的自然流动与转化。荣格及荣格学派分析心理学家们在关注移情的基础上，也把“反移情”（counter-transference）作为重要的分析内容，更加提升了心理分析过程中被分析者与心理分析师之间的相互作用与相互影响。

荣格曾经这样说：“（医生与病人）两个人格的相遇，就像两种化学物质的接触一样，只要这种接触引起了任何反应，那么双方便都被改变了。”① 荣格甚至说：“我们应该期望在每一次有效的心理治疗中医生都对

① 荣格：《寻求灵魂的现代人》，56 页。

病人有所影响，但这种影响只有在医生也被病人所影响时才能发生。如果你不接受影响，你也就不能够施加影响。”[①]或许正是在这种意义上，人们把荣格称为“受伤的治愈者”（the wounded healer）。

于是，心理分析过程中的这种相互影响和作用，意味着心理分析师既是医生也是病人，或者说，他自己同病人一样，都是心理分析过程中的组成部分；若要治愈病人，心理分析师也必然要不断成长与自我完善。心理分析之“自我治愈过程”有了新的意义，其中也包含着心理分析师本身的自我治愈及其治愈能力的提高。

决定分析者与被分析者这种相互影响的力量，从本质上说来自于无意识，以及彼此相互作用后所形成的那种“第三种水平”。而这种充满变化的相互影响的结果，也就促成了心理分析之互动中的“转化”。

3. 转化的过程

荣格曾撰写过关于《移情心理学》（1946）的专著，并且把“移情”放在“转化”的水平上予以发挥，借助“哲学家玫瑰园”的系列图示，阐释了其关于炼金术的象征和作用，以及其中所包含的“转化过程”的心理分析意义。

哲学家玫瑰园中的炼金术图式从“喷泉”开始，上面有太阳、月亮和星星，下面是一座流水的喷泉，象征着心理分析过程中的滋润与营养，以及含照日月精华的原型意义。第二幅图是国王与王后以左手相握，象征着心理分析无意识接触的开始，包含着心理分析过程中被分析者与心理分析师从陌生、戒备到开放、信任的关系发展。图画中有鸽子出现，表示着对这种结合关系的祝福。在随后的第三幅图中国王和王后裸身相对，第四幅图中他们进入“浴池”，第五幅图中享受了性的结合，于是就有了第六幅图的结合为一体。在第七幅图中，出现了这种结合的产物……这是“结茧”时期，孕育着新的生命也包含着危机。

第八幅图显示了一个希望的信号，天空落下了雨露。于是，在第九幅图中，灵魂回归于身体。第十幅图呈现出了原型统一体的鲜明意象，国王与王后从坟墓中升起，手托皇冠和权杖，并且长出了天使般的翅膀。

这便是荣格以及分析心理学家们借用“哲学家玫瑰园”中的炼金术图画所描绘的心理分析转化过程。两个不同的个体，通过接触而产生结合，在经历了“结茧”与“蛹化”之后，获得了一种新的整合的生命形式。这

① 荣格：《寻求灵魂的现代人》，56 页。

种整合的生命形式，具有超越对立的机能，或者是在对立中获得统一，获得了心理与生命的“转化”。

尽管这“哲学家玫瑰园”是借助“炼金术”的语言所描述的“转化”，但在其象征的意义上，心理的“转化”与“蝴蝶蜕变”的生命现象也是相通的。本来这也是心理分析家们所常用的比喻：从初卵到幼虫，从蝶蛹到蝴蝶，由此展开了一种特殊的生命演变过程，包括生命表现形式的变形与转化。其中的关键，是自性的涌现与发展，以及由此所产生的自然自足的心境，以及充满灵性的体验。对此，我们可以继续深入关于心理分析之整合意义与实践的探索。

哲学家玫瑰园：第一幅图

哲学家玫瑰园：第二幅图

哲学家玫瑰园：第三幅图

哲学家玫瑰园：第四幅图

哲学家玫瑰园：第五幅图

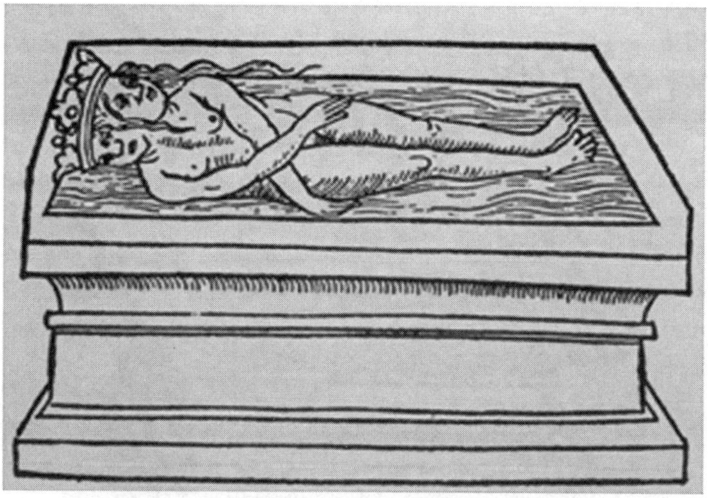

哲学家玫瑰园：第六幅图

哲学家玫瑰园：第七幅图

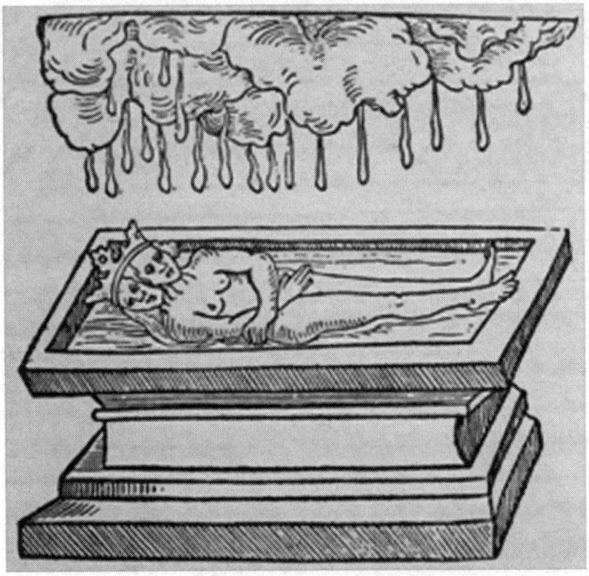

哲学家玫瑰园：第八幅图

哲学家玫瑰园：第九幅图

哲学家玫瑰园：第十幅图

第六章　分析心理学的发展

自从荣格与弗洛伊德分裂之后，便有了分析心理学的独立发展。1948年，当荣格还在世的时候，荣格研究院便在荣格的老家，瑞士的库斯纳赫特建立；1955年成立了国际分析心理学会（IAAP）。1961年荣格去世之后，荣格所开创的分析心理学仍然在世界范围内发展，职业的分析心理学家逐渐成为国际心理分析领域的主力军。

一、荣格的晚年

荣格在完成其传记《回忆·梦·思考》的时候，已经是85岁的高龄。他用下面的话作为其传记的最后一部分："回顾"的开始：

> 当人们说我聪明或是个圣人时，对此我无法接受。一个人曾从一条溪流中舀取了一帽子那么多的水来，这能算有多少呢？我并不是那溪流，我是站在溪边的人，可是却什么也没干。其他人也站在这同一条溪的旁边，但他们中的大多数人却发现他们得对其做点什么。我却一事没做。我从来不认为我是那种必须注意到樱桃是长在花梗上的人。我站着并观看着，赞美着造化的变化无穷。

这是一种典型的东方式生活态度，也是荣格所注入其中的分析心理学的思想的精髓；同时，也是荣格身体力行的生活本身，尤其是当他步入老年的时候。

荣格在结束其自传的时候说：

> 当老子说，"众人皆明，唯吾独懵"时，他所表达的就是我在老耄之年的现在所感觉到的。老子是有着与众不同的洞察力的一个代表性人物，他看到并体验到了价值与无价值性，在其生命行将结束之际希望复归其本来的存在，复归到那永恒、不可知的意义里去。见多识广的这位老者的原型是永恒的真理。在理智的每一个层次里，这种类

型都会出现，无论是个老农夫还是像老者那样的伟大哲人，特征都是相同的。这就是老耄，也是一种限制因素。然而我心里还是充满了许多内容：植物、动物、昼与夜、人的永恒……愈是觉得拿不准自己，我与万物有着密切关系的感觉愈是强烈。事实上，在我看来，长久使我觉得与世隔绝的疏离感，仿佛已经转移进入我的内心世界，并向我揭示出自己意料的陌生。

荣格在波林根（1959）

1955 年，荣格的妻子爱玛·荣格去世之后，路丝·贝利前来照料荣格的生活。在波林根，贝利常陪伴荣格在宁静的湖边散步。老年的荣格曾经这样对贝利说：“路丝，你在这儿学会了一种并非所有人都能具有的美德——忍受孤独、寂寞而又能怡然自得。”实际上，这也是荣格说给他自己的。

荣格（1959）

芭芭拉·汉娜在荣格 60 岁时为荣格画了一幅铅笔肖像，汉娜说：“这幅画是在波林根画的。我作画的时候，他常常正埋头于自己的工作。他自然地处于一种内向的精神状态中，这样，我也就了解到了他的鲜为人知的一个侧面。”

在荣格的 60 岁生日时汉娜把这幅画送给了他。荣格说，他很喜欢这张画，“因为它具有某种其他肖像所不具备的东西”。但是，荣格表示，它将永远不会得到大家的喜爱。因为人们习惯于他为他们而存在于此，而汉娜却把他画得处于一种完全是孤独的情绪之中。

芭芭拉·汉娜在荣格60岁时为荣格所画的铅笔肖像

荣格在库斯纳赫特家门口，1960

温森特·布洛姆在其《荣格：人与神话》中叙述了英国广播公司1955年对荣格的采访。那是在荣格80岁生日的前两天。负责采访的斯蒂芬·布莱克（Stephen Black）博士，反复问及荣格家大门上用拉丁文镌刻的短语“不管召唤与否，上帝无处不在”所包含的意义。荣格回答说：（刻在那里）“因为我想让人们知道，不安和危险同我总是形影不离，仿佛某种不可驾驭、超然于一切的力量随时会置我于死地。”对此，布洛姆做了这样的注解：“荣格的回答具有深刻的寓意。在他漫长的生命岁月中，他在身心及其他诸方面屡经坎坷，他不断进行哲学意义上的探索、思考。尽管如此，荣格像普通人一样仍感受到生活的压力和痛苦。”实际上，我们可以想象当时的荣格，所反映的也正是周文王演绎《易经》时的忧患意识。同样是在这样的意义上，荣格也被称为“受伤的治愈者”。

对于荣格来说，死亡是可以坦然面对的，或许，死亡也正是复归于那集体无意识的存在。芭芭拉·汉娜曾在其《荣格的生活与工作》中，告诉我们荣格在去世前曾梦到“另外一个波林根”。“他看见了‘另一个波林根’沐浴在灿烂的阳光下，一个声音对他说，现在已经完工了，可以准备住人了……”荣格曾分别把这个梦告诉汉娜和玛丽-路易斯，而这两位出色而备受荣格重视的学生，都把此梦解读为“死亡之梦”。

在荣格去世前的最后一周，陪伴荣格的路丝·贝利记下了荣格最后的梦。

在其中的一个梦中，荣格看到在一个高高的平台上，有一块很大的圆石，上面刻写着这样一行字：“这是你的完整性和同一性的标记。”

戴威·罗森曾告诉我，荣格在他所刻的最后一块石头上，刻了一个中国人的头像，和“天人合一”四个汉字。这是荣格的儿子弗朗兹告诉他的秘密。

我们可以看到照片中荣格开心的笑容。同样使荣格欣慰的，便是他所创立的分析心理学，在他有生之年以及在他去世之后的发展。

二、荣格与荣格学者

自从荣格与弗洛伊德分裂之后，他的身边也就逐渐地聚集了一批忠实的学生和追随者。他们对荣格分析心理学的发展作出了重要的贡献。在托马斯·科茨的经典著作《荣格心理分析师：比较与历史的视野》一书中[①]，

① 托马斯·科茨：《荣格心理分析师：比较与历史的视野》，5～41页，广州，广东教育出版社，2007。

1960 年，荣格 85 岁生日的时候，留下了上面这张“全家福”

对此做了翔实而充分的介绍。许多后起的荣格心理分析家，都接受过他们的分析。我们顺着科茨博士的线索，将这些主要的人物介绍如下。

（一）爱玛·荣格

爱玛·荣格（Emma Jung，1882—1955）是荣格的妻子，也是荣格最忠实的助手

爱玛·荣格与荣格相伴 52 年，生育了 4 个女儿和 1 个儿子。1955 年由于癌症去世。

1910 年荣格曾帮助爱玛做了几个月的心理分析，当时弗洛伊德赞同但又警告荣格，这会给他们的私人关系带来危险。后来，爱玛也接受了弗洛伊德的短时间的分析。随着弗洛伊德与荣格之间冲突的加剧，爱玛曾利用她的特殊关系，试图从中协调，但始终没有成功。

1916 年分析心理学俱乐部成立的时候，爱玛·荣格被选为第一任主席，并且也是荣格之外最早的荣格心理分析家。许多接受荣格心理分析的人，都有过接受爱玛分析的经验。爱玛撰写了《阿尼玛与阿尼姆斯》一书，1941 年出版，是能够简明阐述有关“阿尼玛”与“阿尼姆斯”原型意象的最好的专著之一。尽管除此之外，爱玛·荣格并没有更多的著述留下，但是，接受过爱玛分析的人，都十分尊重其专业素养。实际上，她养育了 5 个子女，也照顾了整个家庭，使得荣格能够自由地从事他创造性的工作。当爱玛去世之后，荣格好长一段时间几乎是完全崩溃。在任何安慰与治疗都没有作用的时候，荣格的儿子为父亲找来“石头”，那是荣格治愈自己的特殊方式。荣格在一块纪念爱玛的石头上，用中文刻了这么几个字：“你是我房屋的基石。”

（二）托妮·沃尔夫

托妮·沃尔夫（Toni Wolff，1888—1953）是爱玛之外对荣格最具影响的女人。她出生于苏黎世的一个名望家族，父亲多年在外做生意，不仅仅从东方带来了财富，也带来了东方的思想。托妮深受父亲的宠爱，1910 年父亲去世之后，被送到荣格那里接受抑郁症治疗。1911 年曾随荣格参加魏玛的国际精神分析大会，随后不久就成为荣格的一种特殊的终身伴侣。她一生未嫁，荣格是她寄托命运的男人。

荣格与托妮·沃尔夫

接受荣格的分析后不久，托妮成了荣格的助手，最早的荣格心理分析家之一。与爱玛的情形相同，许多早期的“病人”，在接受荣格心理分析的同时，也都接受托妮的分析。而且，接受过其分析的人普遍都有一种印象：荣格的分析主要处理的是原型层面的心理问题，而托妮则表现出更接近病人的实际心理困惑。托妮在爱玛之后接任分析心理学俱乐部主席，并且在 1928—1945 年间都一直担任这一职务，1948—1952 年仍然是该俱乐部的名誉主席。托妮·沃尔夫的代表著作是《女性心灵的结构形式》，1951 年用德文出版。

托妮不仅仅是荣格的“病人”，荣格也从她身上看到了自己的另外一种存在。在荣格的私人《红皮书》中，记录了他与托妮分享梦和积极想象体验的经历。托妮是心脏病突发而去世的，去世的当天她仍然在工作。托妮的死对荣格是一个沉重的打击。悲伤的荣格用中文在纪念托妮的石碑上刻写了这样的表达：“托妮，莲花，修女，神秘。”

（三）安妮拉·亚菲

安妮拉·亚菲（Aniela Jaffé，1903—1991）是荣格多年的私人秘书，荣格传记《回忆·梦·思考》的合作者。作为荣格自传的这部名著，荣格只是撰写了前三章，其余的章节则基本上是亚菲根据荣格的口述与谈话整理而成的。实际上，撰写这部传记的最初设想，也是亚菲提出的。

荣格与安妮拉·亚菲

尽管亚菲本人并没有完成作为心理分析家的正式分析与训练，但在 1948 年苏黎世荣格研究院成立之际，亚菲便参与了核心的管理工作。她也有很多自己的病人，并且深受病人的欢迎。她的沉静与内省，细心与耐性，给所有认识她的人都留下了深刻的印象。

除了与荣格合作的《回忆·梦·思考》之外，她还参与了《人及其象征》的撰写。那是荣格最后完成的著述，特别邀请了他认为最能反映其分析心理学思想的几个学生与他一起合作，其中就有亚菲。亚菲用德文编辑了三卷荣格的书信，后又与格尔哈德·阿德勒一起用英文编辑了两卷荣格书信出版。在亚菲自己的几部专著中，《意义的神话》（1970）最为出色。1979 年，她编辑出版了图文并茂的《卡尔·荣格：世界与意象》一书，首次使用了一些来自荣格《红皮书》中的图片与注释，引起了极为广泛的兴趣。

（四）卡尔·阿尔弗雷德·梅尔

卡尔·阿尔弗雷德·梅尔（Carl Alfred Meier，1905—1995）在分析心理学的发展中具有十分重要的地位。他多年来曾被荣格视为“太子”般的继承者。他与爱玛·荣格出生在同一个镇上，在孩提时代就已与荣格相识。1928 年前后他接受了荣格的心理分析，1930 年左右作为荣格心理分析家开业问诊，一直工作到 1995 年他去世。

卡尔·阿尔弗雷德·梅尔

梅尔是荣格学会的第一任主席，也在分析心理学俱乐部担任过 5 年的主席职务。在荣格晚年的时候，梅尔与荣格的关系曾一度出现紧张，后来不得已于 1957 年从苏黎世荣格研究院退出。但是 1961 年荣格去世的时候，梅尔接受了许多荣格的“病人”，仍然是分析心理学发展中的主力。他在 1935 年完成的关于分析心理学与量子力学的论文曾引起普遍的关注。梅尔是诺贝尔物理学奖得主保利（Wolfgang Pauli）的朋友，1994 年曾编辑出版了保利与荣格之间的通信《原子与原型》。该著作的英译本 2001 年由普林斯顿大学出版社出版，著名荣格心理分析家扎布里斯基（Beverley Zabriskie）为此撰写了长篇序言，引起了人们对“心理分析与当代物理学”的重新关注。

梅尔曾有多部重要的分析心理学著作出版。这些书都是国际上几所主要的荣格心理分析研究院所规定的参考书，比如：《荣格分析心理学与宗教》（1977）、《梦的意义与作用》（1987）和《意识研究》（1988）等。

（五）玛丽-路易斯·冯·弗朗兹

玛丽-路易斯·冯·弗朗兹（Marie-Louise von Franz，1915—1998）18 岁时遇到荣格，想接受荣格的心理分析而又付不起所需的费用，于是她帮助荣格翻译有关炼金术的拉丁文与希腊文资料作为交换。她接受荣格的分析之后便成为荣格的忠实追随者，也是荣格去世之后传播荣格思想的主要发言人。

玛丽-路易斯·冯·弗朗兹

1943 年冯·弗朗兹获得古典哲学博士学位，她是神话与童话研究，尤其是关于童话心理分析方面的专家，同时也是荣格分析心理学家中最多产的著述者。她的许多著作，比如《荣格：我们时代的神话》（1972）、《心灵与物质》（1988）、《心理治疗》（1993）、《梦的研究》（1998），以及有关童话心理分析的系列专著如《童话导论》（1970）等，都是学习荣格心理分析及其训练的必读书。

冯·弗朗兹也把荣格作为其命运中的男人，追随荣格而终身未嫁。她与芭芭拉·汉娜，另一位荣格身边的女性追随者一起生活了几十年，死后双双埋葬在荣格家族墓地的旁边。1980 年的最后几年，由于不满非荣格学派的思想对苏黎世荣格研究院的影响，冯·弗朗兹脱离该研究院而成立了“卡尔·荣格心理学研究中心”。尽管这并不能帮助荣格分析心理学的积极发展，但可看出冯·弗朗兹本人所深具的“荣格情结”。

除了以上几位重要的荣格追随者之外，芭芭拉·汉娜（Barbara Hannah)、乔兰德·雅各比（Jolande Jacobi)、格尔哈德·阿德勒（Gerhard Adler）等，也都是荣格身边早期的追随者。还有一些荣格的学生与病人，从荣格那里获得了荣格心理分析家的资格，然后将荣格的分析心理学，传播到了世界各地。

三、分析心理学的传播

荣格分析心理学以瑞士苏黎世为基地，很快便在欧洲与美国传播开来。实际上，荣格在美国的影响，自从荣格本人与弗洛伊德一起在克拉克大学做讲演之后，便已经开始。其后荣格又多次访问美国，接受了许多来自美国的学生与病人。他们在完成自己的心理分析之后，便回去推广与发展分析心理学。

伊舍·哈丁（Esther Harding)

伊舍·哈丁（Esther Harding）在完成其与荣格的心理分析之后定居美国纽约，1933年出版《所有女人的道路》一书，影响了许多人对于分析心理学的兴趣。在她的带领与推动之下，纽约在1936年也有了“分析心理学俱乐部”。在1960—1963年间，伊舍·哈丁有力地促成了纽约荣格学院以及纽约荣格基金会的建立。

1939年，接受了荣格心理分析的约瑟夫·维尔怀特（Joseph Wheelwright）和夫人简·维尔怀特（Jane Wheelwright）从瑞士回到美国旧金山，建立了当地的“分析心理学俱乐部”。不久，他们与约瑟夫·汉德森一起，创建了“分析心理学医学会”（1943），开展了分析心理学的讲座与培训，并且于1963年建立了旧金山荣格学院。

约瑟夫·维尔怀特（Joseph Wheelwright）

詹姆斯·科茨（James Kirsch）和希尔德·科茨（Hilde Kirsch）夫妇，在瑞士接受了荣格的心理分析之后返回德国，参与建立了德国的分析心理学学会（1933）。由于德国第二次世界大战期间对犹太人的迫害而移民英国和美国，1967年与马克斯·策勒（Max Zeller）和劳·策勒（Lore Zeller）一起，建立了美国洛杉矶荣格学院。

詹姆斯·科茨（James Kirsch）

古斯塔夫·理查德·赫叶（Gustav Richard Heyer）与夫人露希·格鲁特（Lucie Grote）在1920年前后接受过荣格的心理分析之后，一度成为德国最有影响的荣格心理分析家。但是由于赫叶曾有纳粹党员的身份，战后便引起了许多非议，荣格也为此多有牵连。理查德·诺尔（Richard Noll）在其《荣格崇拜》一书中（*The Jung Cult*，Princeton University Press，1994），更是带着极端的个人色彩对此大做文章。汉尼斯·迪克曼（Hannes Dieckmann）曾担任国际分析心理学会的主席，是德国荣格学院的主要建立者，并且有许多重要的分析心理学著作出版。

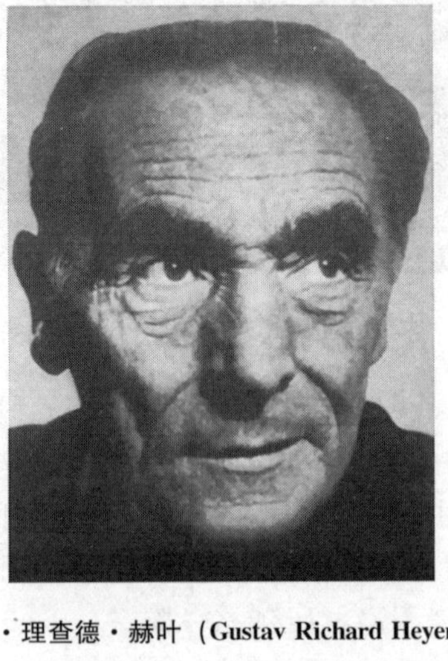

古斯塔夫·理查德·赫叶（Gustav Richard Heyer）

皮特·贝尼斯（Peter Baynes）是荣格分析心理学在英国的第一位代言人，他的主要贡献是把许多荣格重要的著作从德文翻译成了英文，如《人格类型》、《分析心理学的贡献》、《分析心理学两论》等。他的第三任妻子卡莉·贝尼斯还把卫礼贤的《易经》从德文翻译成英文，荣格为她的译本撰写了长篇序言。皮特·贝尼斯于 1943 年 61 岁时去世。在他之后，英国的主要分析心理学代表是格尔哈德·阿德勒和迈克尔·弗德汉姆（Michael Fordham)。他们都是接受过荣格分析的第一代荣格心理分析家。格尔哈德·阿德勒曾担任国际分析心理学会主席，迈克尔·弗德汉姆则建立了荣格分析心理学的“发展学派”，对分析心理学的发展做出了重要的贡献。

皮特·贝尼斯（Peter Baynes)

埃里希·诺伊曼（Erich Neumann）在 1933 年前后接受荣格的心理分析。他的妻子朱莉亚（Julia Neumann）同时接受托妮·沃尔夫的分析。在众多才华横溢的荣格的学生中，诺伊曼依然显得十分耀眼。他的《大母神》以及《意识的起源》等，都是分析心理学乃至整个心理学与哲学领域的经典名著。尽管诺伊曼55岁去世时荣格还健在（1960），但人们已经在他的著作中看到了分析心理学理论，尤其是集体无意识和原型理论的发展。诺伊曼把荣格分析心理学传播到巴勒斯坦和耶路撒冷。

埃里希·诺伊曼（Erich Neumann）

四、爱诺思圆桌研讨会

在分析心理学的传播中，“爱诺思”（Eranos）有着特殊的贡献。“爱诺思”的创始人是奥尔加·弗罗贝-卡普泰因夫人（Olga Froebe-Kapteyn）。她本人对于《易经》和东方文化，对于荣格分析心理学都有着浓厚的兴趣。她利用自己在瑞士阿斯科纳马乔列湖畔的几栋别墅，邀请学者每年聚会于此，围着一个很大的圆桌做有关文化研讨与“精神会餐”，主题多是有关东方与西方的哲学、宗教和心理学。

荣格与奥尔加·弗罗贝-卡普泰因夫人在爱诺思

自从 1933 年第一次爱诺思圆桌研讨会开始至今，除了 1989 年空缺之外，每年一度的聚会早已成为世界文化史上的重要事件。而荣格本人，在 1933—1951 年间，基本上每年都参加爱诺思圆桌会议。他的许多重要的分析心理学思想，都是在“爱诺思”的讲演中提出的，而“爱诺思”的参与者，除了荣格的学生与追随者之外，如鲁道夫·奥图（Rudolf Otto）、马丁·布伯（Martin Buber）、约瑟夫·坎布尔（Joseph Campbell）和铃木大拙（D. T. Suzuki）等国际著名学者，也都在荣格分析心理学的传播中发挥了十分重要的作用。

荣格在爱诺思听马森-奥瑟尔（Paul Masson-Oursel）作关于印度哲学的报告（1936）

荣格与诺伊曼（左）和艾礼德（Mircea Eliade）在爱诺思的圆桌前畅谈

在荣格的建议与鼓励下，奥尔加·弗罗贝-卡普泰因夫人利用她富有的资源建立了最初的“原型象征图片档案”，这也是目前荣格分析心理学中最有特色的看家财富“原型象征研究档案馆”的基础。国际上几所大的荣格研究院都拥有该档案馆，数万幅源自不同文化和历史背景的原型象征图片，配合着荣格心理分析家的专业解析，在荣格分析心理学的学习与训练中发挥着十分重要的作用。

“爱诺思”对于荣格分析心理学的发展的另外一个重要方面，是“波林根基金会”的建立。出身银行巨子家庭的保罗·梅隆和妻子玛丽·梅隆（Paul and Mary Mellon）在爱诺思的圆桌会议上结识了荣格，并且随后接受了荣格一段时间的心理分析。受奥尔加·弗罗贝-卡普泰因夫人“爱诺思基金会”的启发，他们筹建了“波林根基金会”，并且资助出版了《荣格全集》的英文版。80%以上的荣格学者，甚至是90%以上的荣格读者，都是从这套英文版的《荣格全集》中了解荣格及其分析心理学的。

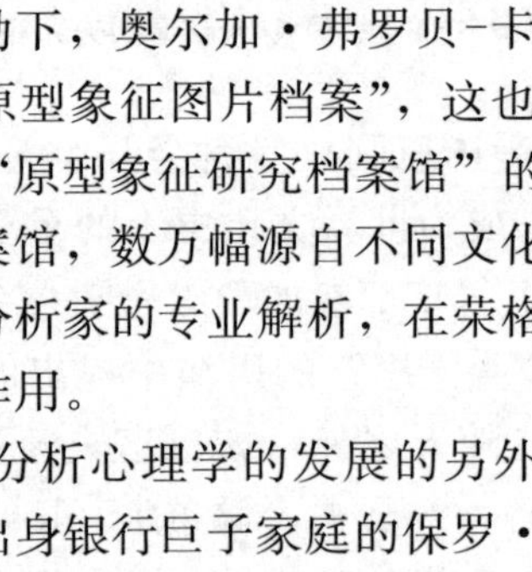

“爱诺思”标志

这是我 1996 年重访爱诺思时拍下的“爱诺思”标志。1995 年初访爱诺思之后，曾多次前往那里，参加过圆桌研讨，也做过主讲报告，也曾专门去看望爱诺思的朋友。我把“Eranos”翻译为“爱—诺—思”，是取“爱”与“思”中的象征性意义，所表达的是我对于“Eranos”的一种感情，一种发自内心的感受。但“Eranos”的真正含义，却是去认识那些还不认识的事物，所包含的是一种追寻与探求未知的精神，也正是我们现在所从事的心理分析的努力。

五、“后荣格学派”的发展

与弗洛伊德的精神分析相比，荣格的分析心理学并没有产生太多的分裂与分化，但是这并非意味着没有矛盾与分歧。不管是在组织上还是在理论与临床方法上，荣格之后的分析心理学也都有不同方向的发展。

安德鲁·塞缪斯（Andrew Samuels）在其《荣格学者与后荣格学者》一书中，区分了三种分析心理学的学派：经典学派、发展学派和原型学派。他使用了三种理论倾向标准：分别是对于“原型”、“自性”以及“人格发展”的不同程度的强调；以及三个临床方法的标准：移情与反移情的分析，对于自性之象征意义的强调，以及关于原型意象的解析。我们可以借助表 6—1 来予以说明，这是在安德鲁·塞缪斯的基础上做了一些调整的表格。

表 6—1

	移情与反移情	自性及其象征	意象及其分析
原型学派/强调原型	3	2	1
发展学派/强调人格	1	2	3
经典学派/强调自性	3	1	2

（一）原型学派

从表 6—1 我们可以看出，所谓的荣格原型学派，其理论取向是强调原型的意义与作用，在三种临床方法的使用上，首先注重原型意象及其分析的方法，其次是自性及其象征，最后是移情与反移情。

詹姆斯·黑尔曼（James Hillman）

詹姆斯·黑尔曼（James Hillman，1926—　）是原型学派的代表。实际上他自己更愿意以“原型心理学”相称。黑尔曼1953年在瑞士苏黎世荣格学院接受训练，完成分析之后留在学院工作，1959年担任苏黎世荣格学院的研究主任。1969年由于个人行为的原因而脱离了正统的荣格分析心理学，更加倾注于自己原型心理学的独立性发展。他撰写并出版了许多富有影响的心理分析专著，如《重塑心理学》（1970）、《原型心理学》（1977）、《心灵的密码》（1997）和《性格的力量》（1999）等，都是影响广泛的经典之作。

（二）发展学派

发展学派强调人格发展的意义，在临床方法上首先是注重移情与反移情，其次是自性及其象征，最后是原型意象分析。

迈克尔·弗德汉姆（Michael Fordham）

迈克尔·弗德汉姆（Michael Fordham，1905—1995）是发展学派的代表。他本人没有经历与荣格一起的分析经验，而是接受了皮特·贝尼斯和希尔德·科茨的分析，同时也深受克莱因及其客体关系理论的影响。这都使得他倾向于独立发展自己的观点与理论。从1943年到1995年他去世之前，弗德汉姆都是英国分析心理学的主要发言人，并且以其分析心理学的发展理论而著称。弗德汉姆的主要著作包括：《儿童的生活》（1944）、《作为个体的儿童》（1969）、《荣格心理学导论》（1966）和《荣格心理治疗》（1978）等，都是十分重要的分析心理学，尤其是分析心理学发展学派的专著。

（三）经典学派

经典学派在其理论取向方面强调自性的意义，在临床方法上首先注重自性及其象征，其次是原型意象分析，最后是移情与反移情。

约瑟夫·汉德森（Joseph Henderson）

约瑟夫·汉德森（Joseph Henderson，1903—2007）是经典学派的经典代表。他1929年开始与荣格进行心理分析，1938年回美国开业近60年，在百岁高龄时仍然坚持工作。听他讲课与接受他的分析是一种享受。他的著作不多，但都是经典：《古代神话与现代人》（1960）、《蛇的智慧》（1963）、《洗礼的开始》（1967）、《心理观的文化态度》（1984）和《阴影与自性》（1990）等。

琼·辛格（June Singer）也属于经典学派的代表。她与丈夫理查德·辛格（Richard Singer）在苏黎世荣格学院完成训练，回到美国后曾于1965年参与筹建芝加哥荣格学院。琼·辛格在芝加哥、旧金山和洛杉矶荣格学院都留下了足迹与贡献。《心灵的边界》（*Boundary of the Soul*）是她的代表作，也是最有影响的荣格分析心理学专著之一。

六、国际分析心理学会

国际分析心理学会（The International Association of Analytical Psychology，IAAP）成立于1955年。当年的7月，荣格的学生们在为他庆祝80岁生日的时候，敦促他建立这样一个国际性的组织，以便更加有效地促进分析心理学的国际性发展。

实际上，国际分析心理学会的成立，确实也起到了十分积极的作用，尤其是在心理分析家认证与授权上。在此之前，荣格心理分析家基本上是依靠荣格本人的信件作为资格证明的，有了国际分析心理学会之后，也就有了专业组织的授权。比如，国际分析心理学会成立之后，便规定了一些相应的制度。凡是申请成为荣格心理分析家的候选人，必须要完成240个小时以上的个人心理分析，50个小时以上的专业实习指导，以及必须要有某种专业的硕士文凭等。这对于分析心理学的职业化发展起到了十分重要的作用。

1958年，第一届国际分析心理学会在瑞士苏黎世召开，大会论文由格尔哈德·阿德勒以《分析心理学的发展趋势》为题目编辑出版。美国《时代周刊》为此发表了评论文章（1958年8月），并且刊登了荣格的封面照片。罗伯特·莫迪（Robert Moody）担任了第一届国际分析心理学会主席。4年后，荣格已经去世，第二届国际分析心理学大会仍然在瑞士召开，会议主题被确定为“原型”。弗兰茨·里克林（Franz Riklin）继莫迪之后成为主席。在这次第二届国际分析心理学大会之后，确定了每三年举行一次国际分析心理学大会的制度，一直延续至今。每次大会之后，都有论文集出版，成为分析心理学发展中的重要文献。

约瑟夫·维尔怀特继里克林之后成为国际分析心理学会主席。在他之后，担任国际分析心理学会主席的依次有：格尔哈德·阿德勒（Gerhard Adler，英国）、阿道夫·古根比欧（Adolf Guggenbuhl-Cgraig，瑞士）、汉尼斯·迪克曼（Hannes Dieckmann，德国）、托马斯·科茨（Thomas Kirsch，美国）、维雷娜·卡斯特（Verena Kast，瑞士）、鲁伊基·肇嘉（Luigi Zoja，意大利）、默瑞·斯坦（Murray Stein，美国）、克里斯琴·盖亚尔（Christian Gaillard，法国）、赫斯特·所罗门（Hester Solomon，英国）。所有担任国际分析心理学会主席的人，也都在某种程度上是当代国际上著名的心理分析家。

国际分析心理学会用六种语言（英语、德语、法语、意大利语、葡萄牙语和西班牙语）开设了自己的专业网站（www. iaap. org）并且正在筹划国际性的网络训练，试图借助当今科技的发展，更好地发挥国际分析心理学会的作用。

国际分析心理学会秘书长乔·凯布雷与前任主席鲁伊基·肇嘉

七、分析心理学与中国

在“荣格与卫礼贤”一节的介绍中我们可以看到，中国文化与分析心理学有着深刻的渊源。在目前国际上正式注册的 3 000 名左右的荣格心理分析家中（1999 年为 2 300 人），尽管只有屈指可数的几位具有中国文化的背景，但所有这些本来没有任何中国背景的心理分析家，对于中国文化似乎都显得并不陌生。因为《易经》、道家哲学以及禅宗等中国文化，都是他们的基础性学习与训练的内容。

科茨在其《荣格学者》一书中介绍分析心理学在当代世界上的发展时，专门为“分析心理学与中国”撰写了一节，称“在所有的亚洲国家中，荣格对中国的心理学、哲学和宗教最感兴趣”，并且充满自信地指出：“荣格深受古老中国智慧的启发，心理分析与中国文化之间存在着历久弥新的深切联系。”①

---

① Kirsch T.，*The Jungians：A Comparative and Historical Perspective*，Routledge，2000，pp. 220 - 221.

实际上，正是科茨本人在1994年8月代表国际分析心理学会对于中国的访问，开启了分析心理学与中国的新的意义。国际分析心理学会前任主席默瑞·斯坦在总结那次访问的时候说：“我们意识到，如果这次访问，与所要会见的中国学者之间的接触进展顺利的话，那么这将成为荣格分析心理学与中国学术界进行交往的一个历史事件。”[①]事实也是如此。由于托马斯·科茨和默瑞·斯坦等人在1994年的访问，就有了东方出版社出版的“曼荼罗分析心理学丛书”（1996—1998），就有了第一届和第二届“心理分析与中国文化国际研讨会”（1998，2002）的召开，以及“点金石心理分析译丛”的继续与发展（2003）。

乔·凯布雷、默瑞·斯坦与作者

（左起）李以洪、默瑞·斯坦、托马斯·科茨、申荷永，**1994**年于北京

① Stein M.，Report on an IAAP Visit to China，IAAP Newsletter，1995（15），pp. 11-16.

帮助托马斯·科茨和默瑞·斯坦等访问中国成功的重要人物之一，美国加州的华裔学者刘耀中（右）
刘耀中先生治学荣格分析心理学多年，对于荣格分析心理学在中国和华人世界的传播多有贡献。

美国加州整合学院院长莱朗·冯·戴尔（Leland van den Daele）在“第一届心理分析与中国文化国际研讨会”的致辞中说：“荣格心理学提供了一种理解与整合人类心理与精神的理论与方法。通过文化以及个体的研究，人类的心理与精神得以展现。荣格学者们对于东西方神话、传说、民间故事和深奥的哲学研究，揭示了很多相似的原则。西方炼金术的转化过程，以及东方的觉悟，也都表现着某种相同的存在。然而，中国丰富的象征意义与理论，尚没有被充分地整合到荣格的心理学体系中。当然，荣格本人十分欣赏《易经》、《金花的秘密》、《西藏死亡书》等丰富的资源，但是，荣格的欣赏，也是对一下代学者们继续探索的期望。”[①]继托马斯·科茨与默瑞·斯坦等1994年的访问之后，国际分析心理学会主席鲁伊基·肇嘉，国际分析心理学会名誉秘书长乔·凯布雷、美国旧金山荣格研究院院长约翰·比贝、美国洛杉矶荣格研究院院长乔安（Joann Culbert-Koehn）、法国巴黎荣格研究院院长魏维安（Viviane Thibaudie）、国际意象体现学会主席伯尼克（Robert Bosnak）、美国得州大学首席荣格教授戴维·罗森（David Rosen），以及诸多资深的荣格心理分析家如哈里特·弗里德曼（Harriet Friedman）、莎莉·考夫曼（Sally Kaufmann）和扎布里斯基（Beverley Zabriskie）等也都陆续来中国访问与讲学，继续着心理分析与中

① 申荷永、高岚主编：《灵性：分析与体验》，14～16页，广州，暨南大学出版社，2001。

国文化的工作。

我曾以“荣格与中国”为题与默瑞·斯坦和戴维·罗森一起在美国芝加哥荣格研究院做“对话”研讨会（1997），并且以“荣格与中国：对话的继续”在“第二届心理分析与中国文化国际研讨会”上做大会报告。实际上“荣格与中国”的“对话”是从荣格本人那里开始的：不管是他本人童年对于庄子蝴蝶物化的神往，还是其晚年对于老子智慧的感悟，都已经是特殊意义上的心理分析与中国文化的内容。荣格与卫礼贤，更是心理分析与中国文化的绝妙见证。据冯·弗朗兹说，荣格去世之前所读的最后一本书，是陆宽煜居士所著的关于中国禅宗的书，由英国 Rider 出版社 1960 年出版①。已经是病重的荣格，读完这最后一本书深有感触，指示秘书写信给作者，代他表达感激之情，尤其是让他认识了书中的虚云法师。但是，心理分析与中国文化，是一种发展也是一种努力，是一种工作也是一种期望。《易经》、儒学、道家哲学与中国禅宗的经典，都仍然是心理分析的生动资源和灵感的源泉；对于心理分析学者来说，中国文化的智慧依然是充满魅力的呼唤。

（一）灵性：分析与体验

“灵性：分析与体验”本来是“第一届心理分析与中国文化国际研讨会”（1998）大会论文集的标题。“心理分析与中国文化”是国际分析心理学会与国内的会议组织者们共同商定的主题，托马斯·科茨在其《荣格心理分析师：比较与历史的观点》（2000）一书中，对这次会议给予了高度的评价，称其为分析心理学发展史上的重要事件。

“分析与体验”的题目，得自于会议期间在广州光孝寺的一次座谈。广州光孝寺当家明生法师、大佛寺当家耀智法师等和与会者一起，参与了“心理分析与中国文化”的讨论，实际上那也是整个会议的一次总结。其中，禅宗之注重体验，从体验中获得悟性，获得自性的呈现；西方心理学所注重的分析，从分析中获得对自我的认识，促使自性的发展；以及通过“心理分析与中国文化”的研讨，思考在心理分析中实现分析与体验的结合。这些都启发了大家的沉思与向往，留下了一份来自心灵深处的礼物。

从体验中可以获得悟性认识，正如禅宗之明心见性后的觉悟，这正是具有中国文化特色的内容，也正是西方的“分析”所缺乏的。韩非子曾有

① See Lu Kuan Yu, *Chan and Zen Teaching*, London: Rider & Company, 1960.

申荷永、范登戴尔、戴维·罗森、约翰·比贝、王国健、
许尚侠在第一届心理分析与中国文化国际研讨会上

第一届心理分析与中国文化国际研讨会合影

言：体道则其智深，其智深则其会远，其会远则众人莫能见其所极。于是，体验和体会中，都包含着可以注入心理分析的中国文化的思想。西方的心理学凭借的是感性认识和理性分析，而体验和体会则融会了感性和理性，我们可以称其为悟性，悟性中包含了整合性的认识作用。

瑞士爱诺思基金会主席罗宾逊（Christa Robinson）博士在其对大会的致辞中说："这次会议也是一种特殊的机遇，为我们开启了一种具有无限意义的相互交流的体验。以此为基础，真正的会议将会超越可能分隔我们的种种障碍，而在人们的交流与理解之中产生。因而，我们相信，第一届

1998 年在光孝寺的座谈。右起：王坤、耀智法师、明生法师、申荷永、Serge Polakoff、张粹然、Leland van Daele

心理分析与中国文化国际研讨会，将能够为此目标做出重要的贡献。”[①] 实际上，瑞士爱诺思基金会从 20 世纪 30 年代起，便一直致力于推动心理分析与东方文化的交流与结合，那就是闻名国际汉学界的“爱诺思东西方文化圆桌会议”。荣格本人以及许多杰出的心理分析家和国际著名的汉学家，都曾在爱诺思的圆桌会议上发表过重要的学术报告。曾任爱诺思基金会主席 40 年之久的利策玛（R. Ritsema)，几乎也是用了 40 余年的时间，潜心钻研《易经》，完成了爱诺思《易经》的心理分析版本，并且把《易经》翻译成 7 种语言。

早在 1957 年，弗洛姆曾在墨西哥组织“禅宗与精神分析”的国际研讨会，与日本的铃木大拙一起，推动了禅宗在整个心理分析界的影响。荣格心理分析家科茨（J. Kirsch）和普罗戈夫（I. Progoff）等参加了会议并作了大会报告。实际上，荣格在 1939 年便曾为铃木大拙的《禅宗导论》撰写过前言，表达了自己对于融会禅宗与心理分析的信心与期望。

我和朋友们一起，曾为“第一届心理分析与中国文化国际研讨会”设计了“会标”，用的是汉字“思”的象形：上面是“头”，下面是“心”。

---

① 申荷永、高岚主编：《灵性：分析与体验》，3 页。

“头”可以表示“西方心理学”对于大脑与认知的强调；“心”则可以表示中国文化心理学或“东方心理学”之深刻精蕴。同时，我们还可以把“头”看做“意识”心理学，而把“心”看做“无意识”心理学。实际上，当我把中国文化心理学称为“Psychology of the Heart”，以“心”为主体的心理学时，是希望来表达“心”所包含的整体性与整合性意义。而在这样的会标设计中，也包含着一种“头”与“心”，“意识”与“无意识”的交流对话与沟通。这既是一种理性的“分析”，也是感性的“体验”。

（二）灵性：意象与感应

“灵性：意象与感应”是“第二届心理分析与中国文化国际研讨会”（2002）的主题。同“分析与体验”一样，在意象与感应之中，也包含着心理分析与中国文化的意义和作用。国际分析心理学会三任主席，瑞士、法国、德国、美国和意大利等心理分析研究院的院长及50余位国外心理分析家，以及70余位国内学者共同参与了这次会议。

乔·凯布雷、鲁伊基·肇嘉、颜泽贤、默瑞·斯坦、王国健、许曼菲、申荷永在第二届心理分析与中国文化国际研讨会上

意象与感应，都涉及了心理分析与《易经》，或《易经》在心理分析中的应用。荣格本人从卫礼贤那里获得关于《易经》的真实体验。这是他在心理学发展中最为关键的时刻，《易经》给他送去了东方的智慧，透过那卦爻意象之间的变化，荣格在感悟之间也获得了勇气与力量。他曾为卫

第二届心理分析与中国文化国际研讨会合影

礼贤《易经》的英译本作序，称《易经》给了他探索“无意识”的方法与途径。“《易经》中包含着中国文化的精神与心灵，包容着几千年来中国伟大智者们的共同倾注，历久弥新，至今仍然对理解它的人，展现着无穷的意义和无限的启迪。”[①]也正是荣格对于《易经》的理解与评价。

荣格曾在其曼荼罗的意象性体验中追求自性，最为著名的便是那“永恒之窗”（Window on Eternity，1927）。一年后重画类似的曼荼罗时，他诧异地问自己，“这画为什么如此带有中国的感觉？”接着，荣格收到卫礼贤的信及《金花的秘密》（*The Secret of the Golden Flower*[②]）的译稿，邀请他对此中国道家内丹文献做出心理学的分析与评论。这也是荣格一生中最为重要的“感应”，荣格称其为“共时性”（synchronicity），日后成为其心理分析最为重要的理论与方法的一部分。

大会的总结报告是由美国洛杉矶荣格心理分析研究院院长乔安（JoAnn Culbert-Koehn）作的。她在来中国参加会议之前，曾为这次会议占问《易经》，得到的是“觀”卦。而我在美国着手准备这次会议的时候，

① Wilhelm R.，Jung C. G.，*The Secret of the Golden Flowers*：*A Chinese Book of Life*，New York：Causeway Books，1975，p. 141.

② 《金花的秘密》是由卫礼贤对于道家内丹文献“太乙金华宗旨”以及“慧命经”的翻译，加上荣格的评论组成。

也曾起过一卦，同样是“觀”。于是，意象中也包含了感应。“觀”字中有“鸛”之所见，包含了探索潜意识的象征；正是，“观其所感，而天地万物之情见。”（《易经》咸卦彖辞）

“觀”卦的意象中巽上而坤下，《周易》觀卦之《彖》曰：“大观在上，顺而巽，中正以观天下。‘盥而不荐，有孚颙若’，下观而化也。观天之神道，而四时不忒，圣人以神道设教，而天下服矣。”由此，已是极言《易经》中《观》之道也。《周易·本义》中对此亦有发挥：“四时不忒，”天之所以为观也。神道设教，圣人之所以为观也。《程传》中有言：观天之运行，四时无有差忒，则见其神妙。

在汉语中，一个“觀”字，包含着丰富的心象，深远的寓意。《春秋·梁传》曰：“常事曰视，非常曰观。”可见“觀”中有不同凡响之处。《书·益稷》曰：“予欲观古人之象”。《易·贲》曰：“观乎人文，以化成天下。”尽用“觀”中之深意。《老子·第一章》曰：“道可道，非常道；名可名，非常名；故常无，欲以观其妙；常有，欲以观其缴……”亦将“觀”中的无有妙象尽情托出。

在佛家用语中，“觀”中包含着一种特殊的观察妄惑的智力。《大乘义章》卷二曰：“粗思曰觉，细思曰观。”觀与止对，又是修定的法门。《摩诃止观》卷一曰：“法性寂然名止，寂而常照名觀。”《心经》开篇亦用了一个“觀”字：“观自在菩萨。”心观而能观心，无所住而能生其心。这些都是在“觀”卦的意象中所包含的心理分析寓意。

在第二届国际研讨会结束之际，与会者中有人向共同主持会议的国际分析心理学会时任主席默瑞·斯坦和作为广东东方心理分析研究中心理事长的我提出了这样两个问题。

（1）在荣格之后，在荣格本人的理论之外，分析心理学都有哪些主要的发展？

（2）“心理分析与中国文化国际研讨会”将如何发展，将来会有怎样的贡献？

默瑞·斯坦回答了前一个问题。他提到在荣格之后，像冯·弗朗兹、詹姆斯·黑尔曼、汉德森以及他本人等，都在分析心理学的理论与实践上，提出了许多新的理论，也开辟了许多新的领域。同时，他也提到，第一届和第二届的“心理分析与中国文化国际研讨会”，也可以看做荣格之后分析心理学的主要发展。

比如，冯·弗朗兹在荣格的基础上，完善了童话心理分析的领域，并

默瑞·斯坦与作者在波林根

将其作为一种临床的技术。詹姆斯·黑尔曼则建立了“原型心理学”体系，是荣格之后理论建构方面最重要的发展。约瑟夫·汉德森所提出的“文化无意识”概念，可望在弗洛伊德的个人潜意识和荣格的集体无意识之间，搭建起一个不可或缺的环节。

我回答了第二个问题。我解释了心理分析与中国文化的对话与研讨，不仅仅是从这次会议开始的。就荣格的分析心理学而言，心理分析与中国文化的对话与研讨从荣格本人那里便已经开始了，而我们只是这对话的继续者。同时，我也坦白地说，我并不知道该会议将来的发展会如何，会产生什么样的影响或取得什么样的成果。我把该会议看做一种有着自身生命的存在，她有她自己存在与成长的理由。作为会议的组织与参与者，我们并不能把多少个人的意见强加在该会议之上，我们只是努力做好应该做的工作。这样说起来似乎有些模糊与消极，但是，我们为该会议设计了如此美好的会徽：“思”中所包含的头与心的整合。一种好的理论，需要创造与智慧，需要好的头脑与好的心胸。这也是我们对于“心理分析与中国文化”的信心与希望。

会徽：思

（三）灵性：伦理与智慧

2006 年 9 月 21 日，天高气爽，秋色怡人，借助广州天麓湖洗心岛的灵气，我们有了第三届心理分析与中国文化国际论坛，大会的主题为“灵性：伦理与智慧”（Psyche：Ethics and Wisdom）。

第三届心理分析与中国文化国际论坛开幕式

在广州北郊龙洞凤凰山的幽深处，有宁静怡人的天麓湖。天麓湖会聚自然山泉，随心所欲形成了一个自然的湖心岛，那就是广东东方心理分析研究中心暨华人心理分析联合会所在地——洗心岛。纳于大麓，藏之深山，此之谓也。

“洗心岛”之名源自《易经》。当初与友人来到此处，但见氤氲交融之山泽气象，竹林环绕的松莲意境，我随手撰写了这样一幅对联：“洁静精微以洗心，退藏于密以咸脢”。于是，自然而然便已应和了“灵性：伦理与智慧”的内涵与意义。

《易经·系辞》中称易之能说诸心，能研诸侯之虑。《易经·说卦传》释坎时说，坎为水，为隐伏……其与人也为加忧，为心病……那么，在我看来，这流传千古之《易》，本身便包含了医治心病治愈心灵之“心药”。

来自世界各地的心理分析师和汉学家，关注心理分析与中国文化发展的学者们再度聚会于此，围绕心理分析之伦理与智慧的主题各呈所见，探索治愈的途径和自性化的道路。在当今多偏向于技巧与捷径，急功而近利也盛行于学界的时候，以“伦理与智慧”为主题的心理分析学术研讨则顿显其深切寓意。孰不知，心理分析师本人正是方法中的方法，技术中的技术；感动人心，移风易俗，治愈与转化，唯有德者能之。

第三届心理分析与中国文化国际论坛与会者合影

伦理与智慧，包含了心理分析师应有的素养，包含了心理分析之治疗与治愈的奥秘。时任国际分析心理学会主席克里斯琴·盖亚尔以“我是禅宗大师吗?”为标题做了大会首场主题演说。许多接触或接受心理分析的来访者，尤其是那些具有禅学知识的来访者，不管是东方还是西方，常常会把心理分析家视为“禅宗大师”；同样，许多心理分析师，也都有对禅宗的羡慕与追求。

克里斯琴则提醒大家关注荣格心理分析方法的三个关键词：geschehenlassen、betrachten和sich auseinandersetzen。我们可以将其理解为“让其发生”、“观看审视”和“面对求索”。三个普通的词汇被克里斯琴演绎为精彩的临床工作原理，并由此透析了荣格心理治疗与自性化发展的关系，以及心理分析之伦理与智慧的思考。

曾有人把荣格比喻为慧能的化身，认为在心理分析的理论和实践中，处处体现着东方禅宗的精妙。慧能在其《行由第一》中曾有这样的阐述："何其自性本来清净，何其自性本不动摇，何其自性本自具足，何其自性本不生灭，何其自性能生万法。"这是慧能当初向五祖表露的心迹。五祖弘忍当即对慧能说："不识本心，学法无益。若识自本心，见自本性，即名丈夫、天人师、佛。"

尽管佛性人人俱有，但如此这般觉悟心着实需要我们各自的努力和追求。

禅宗所欲究明的心性或本心、涅槃妙心、自心佛性，是全体佛法特别是大乘如来藏学的旨归……来自四川大学宗教研究所的陈兵教授如是说。"获得这种体验的通常途径，不是像诸教宗那样运用理性思维去'修观'，而主要是依靠已开悟禅师用特殊的教学方法令学人顿悟。"以戒显的《禅门锻炼说》为线索，陈兵教授总结了六祖慧能随机"解粘去缚"的接引手段，阐释了临济宗特别是明末临济宗三峰系的教学法，揭示了禅门棒喝、机锋、圆相的心性转化功夫。

在当今许多西方学者的心目中，西方的精神分析几乎就等于中国禅宗的西化或西方的心理学化。不管是荣格还是马斯洛，还是罗杰斯，都曾从东方禅宗的思想中获得启迪和洗礼，从东方传统中获得方法与智慧，并将其融于自身及其思想体系的完善，自我实现与自性化的发展。

国际分析心理学会前任主席默瑞·斯坦以"自性化的伦理与伦理的自性化"（The Ethics of Individuation，the Individuation of Ethics）为主题作了大会演说。他从卫礼贤讲述的"中国求雨者"的故事开始，将"求雨者"的精髓贯穿于自性与伦理的求思。德充之内而符应于外，知其无可奈何而安之若命，此之谓也。

如果一个人在个人的水平上达到了内在和谐，从而实现自性化的理想——这样他也就能够使周围的世界和自然界处于有序和谐之中。相反，如果一个人在个人的水平上产生了分裂、无序和混乱，那么也将对周围的世界产生有害的影响……默瑞·斯坦如是说。默瑞·斯坦引用了约翰·多恩的一句名言，"没有人是一座孤岛"。他说，在讨论自性化的时候，我们必须把这句话牢记在心。自性化就相当于最高意义上的伦理行为，在此意义上其必然能促进社会和自然界的普遍幸福。

于是，自性以及自性化过程，也就包含了一种治愈和发展的力量。

"通过有意识地与自性中的平衡和秩序的原型能量建立关系，就像我们的求雨者所做的那样，个体也能触及到心灵水平，使心身疾病得到治愈和产生客观效果。它们可以共时性地引起一种在周围的世界中灌输秩序与和谐的过程。"默瑞·斯坦在其报告中这样说。即使是荣格的积极想象技术，本来就与"自性"和"自性化过程"密切相关，包含一种深刻的道德功夫。荣格1916年有关超越性功能的手稿，便包含了对自性化的思考，以及在自性化思考中所包含的积极想象。而这种"超越性功能"，也正是中国文化中的精神与追求。

"金花的秘密与荣格积极想象"是我为大会准备的报告，刚好被安排在默瑞·斯坦之后。默瑞·斯坦是我的良师益友，我的荣格心理分析研习多受他的帮助和影响。我把荣格分析心理学的核心词汇，也常译作个体化或个性化的"individuation"，用作"自性化"，解读为"自我内在心灵本性的转化"。同时，我在报告中说，我更愿意用一个地道的中国思想来表述荣格的"自性化"和"共时性"，那就是"天人合一"。在天人合一的思想中，包含了"求雨者"的内涵，以及"共时性"和"自性化"的本质。

《金花的秘密》是荣格与卫礼贤的合作，荣格借用对中国道教文本《太乙金华密旨》的评论，阐释了其分析心理学"积极想象"的思想和方法。在太乙金华的密旨中，也包含着存诚的道德功夫；中国文化的经典与教诲，皆是方法中包含着伦理的深意，同时也是伦理中所包含的智慧结晶。于是，荣格的积极想象，同样也就不仅仅是一种方法，而且是一种态度，一种沟通无意识的方式，一种唤醒自性化的途径。

来自美国纽约的国际分析心理学会名誉秘书长乔·凯布雷，用"通往智慧的十字路口：共情与心理分析场"（Crossroads on the Way to Wisdom: Empathy and the Analytic Field）为标题作了大会报告。如同荣格，如同许多荣格心理分析师一样，凯布雷也十分熟悉中国文化，他用一个地道的中国故事作为演讲的开始：殷荆州曾问远公："《易》以何为体?"答曰："《易》以感为体。"殷曰："铜山西崩，灵钟东应，便是《易》耶?"远公笑而不答。

这是南朝刘义庆在《世说新语》中记载的故事，远公为东晋时期的高僧慧远（334—416），"以感为体"一语道破《易》之奥秘。易无思也，无为也，感而遂通天下……"铜山西崩，灵钟东应"被翻译为共鸣，乔·凯布雷以此东方玄音为背景，阐释了西方的共情，以及其中的心理分析原理，希望能够从当代临床心理学的实践中寻获东方培育心灵的启示。

东方培育心灵的经典教诲莫过于孔子及其儒学。来自广东外语外贸大学的杨韶刚教授，用“儒家伦理的基德和荣格的道德观”作了大会报告。杨韶刚教授曾任南京师范大学文科基地“道德教育研究所”负责人多年，他从硕士论文研究便已经开始了荣格分析心理学的探索，近年又有多部有关荣格心理学的著作出版。他的报告总结了儒家伦理的经典思想，结合荣格分析心理学的道德观进行了东西方的整合性阐释。

杨韶刚在其报告中引用荣格学者埃利希·诺伊曼的话说，“个体必须先解决自己基本的道德问题，才能够在集体中扮演负责任的角色”。杨韶刚接着发挥说，孔子正是通过自身的道德修养，实现了从儒士向儒家的转变。在杨韶刚看来，这是一种具有本质意义的转变，既是使命和身份的改变，也是活动方式和生存形式的改变。由此，奠立了中国儒学的传统，包括系统的社会理想和价值观念，成为先秦时期最有影响的道德价值观，一直影响着整个中国文化的发展。

在杨韶刚之后，来自美国旧金山的荣格心理分析师约翰·比贝（John Beebe）作了“中国哲学中的自性化”的演讲。约翰·比贝在报告中说，当我自己尝试着去领悟荣格分析心理学中自性化的时候，我常常转向中国哲学……在约翰·比贝看来，荣格通过分析心理学赋予了中国哲学一种光芒，而我们作为荣格学者，则必须将这光芒调转。我们需要做的是，用中国哲学照亮我们心理分析的自性化概念。

“空山不见人，但闻人语响。返景入深林，复照青苔上。”一首家喻户晓的《鹿柴》，被约翰·比贝用来作为心理分析自性化过程的写照。同时，约翰·比贝也把《易经》作为自性化的教材，并且用“大有卦”，描述了“将心灵的光芒谦逊地从卑微的自我身上转向自性”的过程。最后，约翰·比贝借用庄子的“逍遥游”，呈现了在成为自性的过程中无意识的扩展与转变，并且用荣格的话作为演说的结束：“我越是对自身感到不确定，在我内部也就越能感受到一种与万物的亲缘。”

来自意大利的荣格心理分析师鲁伊基·肇嘉为大会带来的主题报告是“还原主义：西方的折磨?”鲁伊基·肇嘉曾任国际分析心理学会主席，近年来多次来中国访问交流，其代表作《父性：历史、心理与文化的视野》已被翻译成中文出版，深受读者的欢迎。在其主题报告中，鲁伊基·肇嘉用其特有的智慧和哲理，剖析着西方社会的心理疾患。

“有一个幽灵正困扰着全球化。一个恶魔，正一点一点地，吞噬着道路上的一切……”这是鲁伊基·肇嘉报告的开始。那么，这幽灵又是什么呢？这幽灵并非经济危机或灾难，也不是物质上的匮乏，而是一种文化和精神上的贫困。这文化和精神上的贫困“已经持续了许多个世纪，直到今天，成为我们的命运。”鲁伊基·肇嘉如是说。

尽管是从宏观上着眼，作为荣格心理分析师的鲁伊基·肇嘉，仍然注重于临床的细节，注重于文化对于我们每一个个人的意义。“时代的文化在我们每一个人身上反映出来。如果有某一文化未经琢磨，粗俗不堪，使我们的人性枯竭，我们就会发现自己处于悲惨的紧张不安之中。”这是鲁伊基·肇嘉的洞见，并在其对“还原主义”的心理分析中，阐述了一种发人深省的思想和理论。

在大会的 8 场主题报告之外，还有 5 场专题研讨。来自世界各地的 20 余位专家学者分别就“伦理与智慧的跨文化研究”、“分析心理学的方法与技术”、“沙盘游戏中的灵性接触”、“自我实现的途径：自性化与中国之道”以及“心理分析与中国禅宗”呈现了自己的见识和思想。国际沙盘游戏治疗学会主席茹思·安曼等主持了“心理分析与沙盘游戏治疗”的会前工作坊。国际分析心理学会的主席、秘书长和国际沙盘游戏治疗学会的主席和秘书长等也借此机遇召开了意义深远的高峰会议。

在大会结束之前，8 位主题报告者又一起回答问题并和大家交流，被记录在“一致百虑，殊途同归”的大会侧记之中。心理分析博士王求是撰写了长篇的“水乳渐相融”的大会感受和其中的感悟。在“总结与评论”部分，还收录了大会组织者的 4 篇闭幕总结发言。

克里斯琴·盖亚尔的总结以“多元化和共情”为主题，称“第三届心理分析与中国文化国际论坛取得了真正的成功；来自东方和西方的大会主讲人的报告都具有高标准的学术质量，其中的探讨也具有最高水准。”作为国际分析心理学会的主席，克里斯琴·盖亚尔充满感情地说：“请相信，国际分析心理学会将全力支持你们；我们每一个人，不管来自欧洲、美国，还是世界的其他地方，都会全力支持你们；不仅在我们相聚的此刻，还包括在未来。”

默瑞·斯坦则在其总结发言中，表达了一种深切的“圆融和期盼”。国际分析心理学会与中国的正式联系，正是由他和当时担任国际分析心理学会主席的托马斯·科茨共同开启的，那是在 1994 年。默瑞·斯坦从荣格遇到卫礼贤的时间算起，至 2006 年正是 84 个年头，7 个 12 年的轮回。于是，默瑞·斯坦说，“在这个 7 轮的时间里，尤其是通过我们参与的这 12

年，我们已经看到，由申荷永博士和国际分析心理学会开始的对话，已经实现了中国文化和分析心理学之间富有成效的广泛交流。”

默瑞·斯坦带着他特有的沉思说，“倾听此刻大家所尽情表达的思想与见解，我赞同克里斯琴·盖亚尔对此会议的描述，大家的努力使得此届大会宛如一幅丰富多彩的锦绣，衬托出一种完美的意象。我们大家也都将致力于此锦绣的编织，致力于分析心理学和中国文化的整合。若是对未来的 12 年做一种展望，那么我们的目标是获得一种跨越西方和东方的心理学，获得一种兼顾理论和实践，一种具有包容和人性的心理学……”于是，默瑞·斯坦说，“我也期盼第四届心理分析与中国文化国际论坛。”

乔·凯布雷在其总结发言中说，下一届的国际论坛，我们可以把大会的主题改为“中国的心理分析”。因为此届会议已经让心理分析在中国的发展成为国际分析心理学历史的一部分。“通过共情，我觉得我们现在已经互相改变、互相融合在了一起。”同样，乔·凯布雷也表示，希望大家再次聚会，圆起第四届心理分析与中国文化国际论坛的未来之梦。

我的最后发言是简短的，用了“宁静致远，身体力行”这样一个题目。荣格分析心理学注重体验和感受，强调的是自我知识和自性化道路；中国文化注重体会和感悟，注重的是宁静致远，身体而力行；相信通过此届心理分析与中国文化国际论坛，大家都已获得自己的感受与收获。

我对国际分析心理学会和所有与会者表达了由衷的感谢，正是大家的参与和支持，才使心理分析与中国文化国际论坛主题得以持续和发展，同时也对参加大会服务的会务组和所有学生表达了特别的谢忱。在英文表述之后我用中文说了一声“大家辛苦了”……至今仍然记得当时充满感激的气氛。

用此简朴的语言所表达的感激源于本然的诚意，发自内心深处。

正心而诚意，本为伦理与智慧的源泉；也是心理分析治愈与转化之奥秘所在。

正心而诚意，乾坤之大学。乾坤一德也，诚敬一心也。既属伦理，也充满智慧。

伦理不仅是要求，实乃人格；道德中所包含的正是智慧之根本，实为人生之境界。

大学之道，在明明德，在亲民，在达于至善，其中正是我们心理分析与中国文化的努力与追求。

这便是第三届“心理分析与中国文化”国际论坛，伦理与智慧之东方和西方的探索与整合。

当然，在我们的《灵性：分析与体验》、《灵性：意象与感应》和《灵性：伦理与智慧》中，已经可以看到“心理分析与中国文化国际论坛”所带来的成果及其主题的意义。于是，把体验注入分析，由意象发挥感应，以及从智慧中获得创造，正是我们的努力。“心理分析与中国文化”的主题，不仅仅是过去与历史，而是现实与未来。它是我们所理解的心理分析理论与实践中的重要内容。

荣格隐居于波林根的塔楼，身体力行于道家与禅宗的实践，潜心于《易经》的洗心体验

后记　理解与体验

我在完成了《心理分析：理解与体验》的基础上，撰写了这部《荣格与分析心理学》，同样包含了我的理解与体验。写作这部书稿曾是我由来已久的心愿，书中的有些内容也是我多年来的实际感受。

我 1995 年初次到瑞士苏黎世，在参加国际分析心理学会议的同时，也获得了实际接触“荣格”的机会。仍然清晰地记得，每天去向库斯纳赫特荣格研究院的途中，尤其是经过那座小桥，踏在石子路上的感觉。那里曾有荣格走过与留下的无数脚印。

我也曾多次走去库斯纳赫特的新教教堂，去感受归于自然宁静的荣格，偶尔会听到他默然的话语。

常常是傍晚，每当散步走过荣格故居的时候，我总是不由自主地望向那楼上的灯光，想象着凭借这灯光阐述其深远思想的荣格。

尤其是到了波林根，你会依然感觉到荣格的存在，至少是他的身影。“心灵的现实性”（the reality of psyche）曾是荣格的理想，也是我曾体验过的真实。

我自己对于荣格及其分析心理学的理解与体验，前后经历了十多年的时间。尽管如此，自知仍然是学习者。心理分析要有对无意识的理解与把握，而无意识始终属于未知的领域。对此我始终充满敬畏与感激。

我将此书献给托马斯·科茨（Thomas Kirsch）、鲁伊基·肇嘉（Luigi Zoja）和默瑞·斯坦（Murray Stein）。他们都曾担任国际分析心理学会的主席，相继 10 年之后也把我带入了这令人羡慕的国际学术团体。

我也感谢我的心理分析师马里奥·雅各比（Mario Jacoby）、鲁西克（Louis Vuksinick）和伯尼克（Robert Bosnak），我把《心理分析：理解与体验》献给了他们。

本书中使用了很多的图片资料，为此我要作如下的感谢：国际分析心理学会（IAAP）、瑞士爱诺思基金会（Eranos Foundation）、美国纽约·维夫伦基金会（van Waveren Foundation）、瑞士苏黎世荣格研究院原型象征图片档案馆（ARAS）、美国旧金山荣格研究院原型象征图片档案馆（ARAS）、美国喀戎出版社（Chiron Publication）、瑞士戴蒙出版社（Daimon Publication），以及托马斯·科茨（Thomas Kirsch）、默瑞·斯坦（Murray Stein）和罗伯特·韩韶（Robert Henshaw）等人。

最后，我还要特别感谢莎莉·考夫曼（Sally Kaufmann）。她是我的良师益友，用她的智慧与关怀充实了我对荣格及分析心理学的理解与体验。

申荷永

2010年5月

附录　荣格生平与著作年表

桂丽娜翻译整理

1875 年　卡尔·古斯塔夫·荣格于 7 月 26 日出生于瑞士康斯坦茨湖边的凯什维尔镇，其父亲列夫·保罗·阿基里斯·荣格是福音派新教会的牧师，母亲是艾米莉·荣格·普雷斯沃克。

1879 年　荣格的双亲搬迁至巴塞尔郊区的克莱恩亨宁金（Kleinhuningen）。

1886 年　进入巴塞尔体育馆（Basel Gymnasium）。

1895—1900 年　在巴塞尔大学就读自然科学专业，后又学习医学，并通过国家考试。

1896 年　荣格父亲去世。

1902 年　论文：《论所谓神秘现象的心理学与病理学》（苏黎世大学）

1903 年　2 月 14 日与爱玛·罗森巴赫（Emma Rauschenbach）在斯查夫霍森举行婚礼，他们共生育五个子女：阿卡莎·尼修斯（Agathe Niehus）、格莱特·鲍曼（Gret Baumann）、弗朗兹·荣格-莫克（Franz Jung-Merker）、玛丽娅·尼修斯（Marianne Niehus）、海伦·霍妮（Helene Hoerni）。

1905 年　任苏黎世大学医学系讲师（直到 1913 年）。

1906 年　公开支持弗洛伊德的精神分析；与弗洛伊德开始书信往来。

1909 年　离开医院诊所，在其库斯那赫特新建的房子私人开业。9 月，与弗洛伊德一道，赴马塞诸塞州的伍斯特的克拉克大学演讲，并获得该校授予的名誉博士学位。

1910 年　撰写《里比多的变形与象征》（Wandlungen und Symbole der Libido），书稿和标题都几经修改，又名为《变形的象征》，从口头和书面上宣布了与弗洛伊德的决裂。

1914 年　荣格与苏黎世的同事一同辞去国际精神分析协会之职。

1916—1918 年　任英国拘留营陆军医疗队的医生与队长。

1920 年　北非之旅。

1921 年　《心理类型》出版。

1923 年　母亲去世。

1924 年　旅行考察新墨西哥的普韦布洛的印第安人居住地。

1925 年　旅行考察东非阿尔贡山区的土著居民。

1928 年　出版《自我和无意识的关系》，开始从事炼金术的研究。

1930 年　任综合医学心理治疗协会的副主席，主席是欧内斯特·克雷兹切曼（Ernst Kretschmer）。

1933 年　克雷兹切曼辞职后，接任协会主席之职。

1934 年　国际医学心理疗法协会成立，荣格任主席。

1935 年　任苏黎世联邦工业研究所名誉教授。

1936 年　获哈佛大学名誉博士学位。

1937 年　于耶鲁大学就“心理学和宗教”发表一系列演说。受印度政府的邀请赴印度旅行考察，分别获得加尔各答大学、贝拿勒斯大学和阿拉哈巴德大学名誉博士学位。

1938 年　获牛津大学名誉博士学位。

1940 年　编辑系列讲座：《心理学与宗教》。

1942 年　出版《巴拉塞尔苏斯》（Paracelsica），辞去苏黎世大学名誉教授之职。

1943 年　10 月 15 日，任巴塞尔大学心理系教授。

1944 年　心脏病突发，退出教学生涯。

1945 年　获日内瓦大学名誉博士学位。

1948 年　苏黎世 C. G. 荣格学院成立；出版《心理象征的使用》（Symbolik des Geistes）。

1950 年　出版《无意识结构》（*Gestaltungen des UnbewuBten*）。

1951 年　出版《基督教时代》（*Aion*）。

1952 年　出版《变形的象征》、《回答约伯》。

1953 年　波林根系列丛书中的《荣格选集》于美国纽约出版。

1954 年　出版《论无意识的根源》。

1955 年　获苏黎世联邦工业研究所名誉博士学位。爱玛·荣格去世（11 月 27 日）。

1955—1956 年　　出版《神秘结合》。

1957 年　　着手撰写《回忆·梦·思考》。

1958 年　　出版《飞碟：一个现代神话》。德文版《荣格选集》开始出版。

1960 年　　在其 85 岁生日宴会上，获库斯那赫特荣誉公民称号。

1961 年　　6 月 6 日，荣格于库斯那赫特家中逝世。6 月 9 日葬入库斯那赫特公墓。

荣格家族在库斯那赫特的墓地

图书在版编目（CIP）数据

荣格与分析心理学/申荷永著．—北京：中国人民大学出版社，2011.7
（心灵花园：沙盘游戏与艺术心理治疗丛书）
ISBN 978-7-300-14015-5

Ⅰ.①荣…　Ⅱ.①申…　Ⅲ.①荣格（1875～1961）—精神分析—研究　Ⅳ.①B84-065

中国版本图书馆CIP数据核字（2011）第139812号

心灵花园：沙盘游戏与艺术心理治疗丛书
主编：申荷永
荣格与分析心理学
申荷永　著
Rongge yu Fenxi Xinlixue

出版发行	中国人民大学出版社		
社　　址	北京中关村大街31号	**邮政编码**	100080
电　　话	010－62511242（总编室）		010－62511770（质管部）
	010－82501766（邮购部）		010－62514148（门市部）
	010－62515195（发行公司）		010－62515275（盗版举报）
网　　址	http://www.crup.com.cn		
经　　销	新华书店		
印　　刷	唐山玺诚印务有限公司		
开　　本	720 mm×1000 mm　1/16	**版　　次**	2012年1月第1版
印　　张	13.75 插页1	**印　　次**	2024年6月第14次印刷
字　　数	218 000	**定　　价**	48.00元